住房和城乡建设部"十四五"规划教材

高等学校土建类专业课程教材与教学资源专家委员会规划教材

高等学校智能建造专业系列教材

丛书主编 丁烈云

工程物联网与智能工地

Internet of Things in Construction and Smart Construction Sites

鲍跃全 陈 珂 主 编

李启明 主 审

中国建筑工业出版社

图书在版编目（CIP）数据

工程物联网与智能工地 ＝ Internet of Things in Construction and Smart Construction Sites / 鲍跃全，陈珂主编. -- 北京：中国建筑工业出版社，2024. 12. （住房和城乡建设部"十四五"规划教材）（高等学校土建类专业课程教材与教学资源专家委员会规划教材）（高等学校智能建造专业系列教材 / 丁烈云主编）. -- ISBN 978-7-112-30724-1

Ⅰ. TU-39

中国国家版本馆 CIP 数据核字第 2024B09432 号

本书系统地阐述和总结了工程物联网与智能工地相关理论知识、关键技术及应用案例。全书共分为三部分，第一部分详细介绍了工程物联网的概念、架构及发展现状；第二部分着重阐述智能工地的特点、通用架构及应用潜能；第三部分将理论与实践相结合，分析了工程物联网与智能工地相结合的必要性，并将建筑工程、桥梁工程、地铁工程和生命线工程的实际案例融入教材，说明工程物联网为构建智能工地带来的机遇与挑战。

本书入选教育部战略性新兴领域"十四五"高等教育教材体系，可供高等学校新工科专业、智能建造专业师生参考，也可供从事土木工程、机械工程等专业领域研究、设计与管理的广大专业技术人员参考。

为更好地支持相应课程的教学，我们向采用本书作为教材的教师提供教学课件，有需要者可与出版社联系，邮箱：jckj@cabp.com.cn，电话：010-58337285，建工书院 http://edu.cabplink.com（PC端）。

总 策 划：沈元勤
责任编辑：张 晶 吴越恺
责任校对：赵 力

住房和城乡建设部"十四五"规划教材
高等学校土建类专业课程教材与教学资源专家委员会规划教材
高等学校智能建造专业系列教材
丛书主编 丁烈云
工程物联网与智能工地
Internet of Things in Construction and Smart Construction Sites
鲍跃全 陈 珂 主 编
李启明 主 审
＊
中国建筑工业出版社出版、发行（北京海淀三里河路 9 号）
各地新华书店、建筑书店经销
北京红光制版公司制版
天津安泰印刷有限公司印刷
＊
开本：787 毫米×1092 毫米 1/16 印张：10¾ 字数：262 千字
2024 年 12 月第一版 2024 年 12 月第一次印刷
定价：**45.00** 元（赠教师课件）
ISBN 978-7-112-30724-1
（43981）

高等学校智能建造专业系列教材编审委员会

主　任：丁烈云

副主任（按姓氏笔画排序）：

　　　朱合华　李　惠　吴　刚

委　员（按姓氏笔画排序）：

王广斌	王丹生	王红卫	方东平	邓庆绪	冯东明
冯　谦	朱宏平	许　贤	李启明	李　恒	吴巧云
吴　璟	沈卫明	沈元勤	张　宏	张　建	陆金钰
罗尧治	周　迎	周　诚	郑展鹏	郑　琪	钟波涛
骆汉宾	袁　烽	徐卫国	翁　顺	高　飞	鲍跃全

出 版 说 明

 智能建造是我国"制造强国战略"的核心单元，是"中国制造 2025 的主攻方向"。建筑行业市场化加速，智能建造市场潜力巨大、行业优势明显，对智能建造人才提出了迫切需求。此外，随着国际产业格局的调整，建筑行业面临着在国际市场中竞争的机遇和挑战，智能建造作为建筑工业化的发展趋势，相关技术必将成为未来建筑业转型升级的核心竞争力，因此急需大批适应国际市场的智能建造专业型人才、复合型人才、领军型人才。

 根据《教育部关于公布 2017 年度普通高等学校本科专业备案和审批结果的通知》（教高函〔2018〕4 号）公告，我国高校首次开设智能建造专业。2020 年 12 月，住房和城乡建设部办公厅印发《关于申报高等教育职业教育住房和城乡建设领域学科专业"十四五"规划教材的通知》（建办人函〔2020〕656 号），开展了住房和城乡建设部"十四五"规划教材选题的申报工作。由丁烈云院士带领的智能建造团队共申报了 11 种选题形成"高等学校智能建造专业系列教材"，经过专家评审和部人事司审核所有选题均已通过。2023 年 11 月 6 日，《教育部办公厅关于公布战略性新兴领域"十四五"高等教育教材体系建设团队的通知》（教高厅函〔2023〕20 号）公布了 69 支入选团队，丁烈云院士作为团队负责人的智能建造团队位列其中，本次教材申报在原有的基础上增加了 2 种。2023 年 11 月 28 日，在战略性新兴领域"十四五"高等教育教材体系建设推进会上，教育部高教司领导指出，要把握关键任务，以"1 带 3 模式"建强核心要素：要聚焦核心教材建设；要加强核心课程建设；要加强重点实践项目建设；要加强高水平核心师资团队建设。

 本套教材共 13 册，主要包括：《智能建造概论》《工程项目管理信息分析》《工程数字化设计与软件》《工程管理智能优化决策算法》《智能建造与计算机视觉技术》《工程物联网与智能工地》《智慧城市基础设施运维》《智能工程机械与建造机器人概论（机械篇）》《智能工程机械与建造机器人概论（机器人篇）》《建筑结构体系与数字化设计》《建筑环境智能》《建筑产业互联网》《结构健康监测与智能传感》。

 本套教材的特点：（1）本套教材的编写工作由国内一流高校、企业和科研院所的专家学者完成，他们在智能建造领域研究、教学和实践方面都取得了领先成果，是本套教材得以顺利编写完成的重要保证。（2）根据教育部相关要求，本套教材均配备有知识图谱、核心课程示范课、实践项目、教学课件、教学大纲等配套教学资源，资源种类丰富、形式多样。（3）本套教材内容经编写组反复讨论确定，知识结构和内容安排合理，知识领域覆盖全面。

 本套教材可作为普通高等院校智能建造及相关本科或研究生专业方向的课程教材，也可供土木工程、水利工程、交通工程和工程管理等相关专业的科研与工程技术人员参考。

 本套教材的出版汇聚高校、企业、科研院所、出版机构等各方力量。其中，参与编写的高校包括：华中科技大学、清华大学、同济大学、香港理工大学、香港科技大学、东南大学、哈尔滨工业大学、浙江大学、东北大学、大连理工大学、浙江工业大学、北京工业大学等共十余所；科研机构包括：交通运输部公路科学研究院和深圳市城市公共安全技术研究院；企业包括：中国建筑第八工程局有限公司、中国建筑第八工程局有限公司南方公司、北京城建设计发展集团股份有限公司、上海建工集团股份有限公司、上海隧道工程有限公司、上海一造科技有限公司、山推工程机械股份有限公司、广东博智林机器人有限公司等。

　　本套教材的出版凝聚了作者、主审及编辑的心血，得到了有关院校、出版单位的大力支持，教材建设管理过程严格有序。希望广大院校及各专业师生在选用、使用过程中，对规划教材的编写、出版质量进行反馈，以促进规划教材建设质量不断提高。

中国建筑出版传媒有限公司

2024 年 7 月

前　言

新一代信息技术是我国重点发展的战略性新兴产业，物联网作为新一代信息技术产业的重要组成部分，拥有着举足轻重的地位。与此同时，大数据、云计算、人工智能等新兴技术为物联网提供了更加智能、优化的实现方案，基于全面感知、可靠传递、智能控制等特点，在工业、农业、交通等方方面面得到广泛应用。

建筑业是劳动密集型的行业，目前依旧保持着高度分散且复杂的传统建造模式。随着建设项目的规模和复杂性加大，传统建造及管理模式已无法满足工程项目的建设目标和利益相关者的需求。随着经济与技术的发展，建筑企业越来越聚焦于对工程施工现场的管理，原始粗放的施工管理模式慢慢往精细化、智能化、信息化的方向发展，智能工地概念应运而生。智能工地以现场施工管理为核心，围绕人、机、料、法、环五个关键因素，数字化地开展进度、成本、安全、质量等管理工作，建立一个项目全生命期的智能化生产管理生态圈。

智能工地的本质特征是更透彻地感知、更全面地互联互通以及更深入的智能化，这与物联网的特征是一脉相承的。工程物联网是在工程建造领域对物联网技术的应用及发展，是实现建造过程可计算、可分析、可控制的关键技术，也是构建智能工地的重要支撑。本书系统地阐述和总结了工程物联网与智能工地相关理论知识、研究方法及应用案例，全书共7章：第1章工程物联网概述，介绍工程物联网的内涵与特征及其发展现状与挑战；第2章工程物联网架构，介绍工程物联网协议及感知层、网络层和应用层关键技术；第3章工程物联网与大数据，介绍工程大数据特征、分析处理算法及数据安全技术；第4章智能工地，介绍智能工地概念与性质、通用架构、现实挑战及发展趋势；第5章智能工地的应用与潜能，介绍智能工地相关技术对工程安全、质量、环境可持续发展三个方面管理的支撑作用；第6章基于工程物联网的智能工地，从智能工地的本质、系统架构和发展程度分析了工程物联网与智能工地实现的契机，并介绍工程物联网与BIM及基于工程物联网的智能工地构建技术；第7章工程物联网与智能工地结合的实践案例，选取建筑工程、桥梁工程、地铁工程和生命线工程四个典型案例，说明工程物联网为构建智能工地带来的机遇与挑战。

按照相关技术的发展轨迹，智能工地可以分为感知、替代、智慧三个阶段。目前智能工地都还处于第一个阶段，即初级阶段或感知阶段，整体研究还处于起步阶段，尚未形成系统的理论，希望本书的出版对工程物联网与智能工地的发展起到一定的推动作用。

本书由哈尔滨工业大学鲍跃全教授、华中科技大学陈珂副教授主编。鲍跃全参与了第1章的撰写，陈珂参与了第5章、第7章的撰写，哈尔滨工业大学侯榕榕教授参与了第2章的撰写，哈尔滨工业大学徐阳副教授参与了第3章的撰写，浙江大学舒江鹏教授参与了第4章、第6章的撰写，中国建筑第八工程局有限公司南方公司赵华、马俊提供了第7章建筑工程部分的工程实例，交通运输部公路科学研究院闫昕博士提供了第7章桥梁部分的工程实例。在此一并向他们表示衷心地感谢！东南大学李启明教授任本教材主审。李启明教授认真审阅了书稿并提出了宝贵的修改意见，在此表示衷心感谢！

由于物联网和智能工地相关技术发展、迭代迅速，新的理论和应用不断涌现，加之作者水平有限，书中难免存在疏漏和不当之处，恳请广大专家和读者批评指正。

目　　录

第 3 篇　工程物联网与智能工地结合的理论与实践

第1篇　工程物联网基础与发展

工程物联网概述

知识图谱

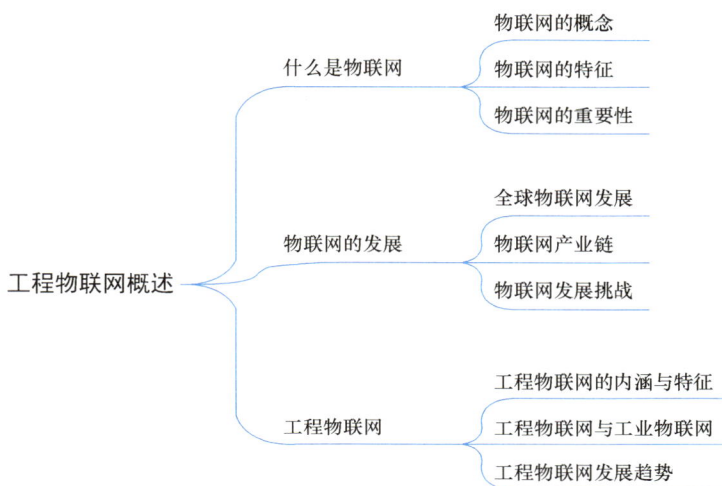

本章要点

　　知识点1. 物联网的相关定义与基本特征。

　　知识点2. 物联网的重要性与发展趋势。

　　知识点3. 物联网的应用场景。

　　知识点4. 工程物联网的基本特征。

　　知识点5. 工程物联网和工业物联网的区别与联系。

学习目标

　　（1）了解物联网的概念与发展历程。

　　（2）了解工程物联网的内涵，了解工程物联网与物联网、工业物联网之间的关联。

1.1 什么是物联网

1.1.1 物联网的概念

随着数字化时代的到来，物联网（Internet of Things，IoT）正在不断拉近人与人、人与物、物与物的距离，实现人、机、物在任何时间、任何地点的息息相通。1999年，美国麻省理工学院自动识别（Auto-ID）中心提出了IoT的概念与雏形。这一概念通过将物品编码、无线射频识别（RFID）与互联网技术结合起来，对物品进行编码标识，从而实现对应物品的识别和管理应用。在物联网中，任何存在于世界上的物体都能与网络相连接，物与物之间通过信息传播媒介自主实现信息交换和通信，而无需人工干预。

国际电信联盟（International Telecommunication Union，ITU）在"Y.2060建议书"中，将物联网定义为"信息社会全球基础设施（通过物理和虚拟手段）将基于现有和正在出现的、信息互操作和通信技术的物质相互连接，以提供先进的服务。"欧盟网络安全局（European Union Agency for Cyber Security）认为，"物联网是由互联的设备和服务所组成的生态系统，通过收集、交换和处理数据，可以动态适应不同场景的变化。"中国工业和信息化部在《物联网白皮书（2011年）》中对物联网的定义为"物联网是通信网和互联网的拓展应用和网络延伸，它利用感知技术与智能装置对物理世界进行感知识别，通过网络传输互联，进行计算、处理和知识挖掘，实现人与物、物与物的信息交互和无缝衔接，达到对物理世界实时控制、精确管理和科学决策等目的。"

不难看出，国内外在对物联网的定义上众说纷纭，但均强调物联网是通过传感器将物与物互联的网络。与物联网紧密相关的两个概念为传感网和互联网。传感网包含随机分布的集成了传感器、微处理器和通信单元等模块的节点，这些节点通过自组织的方式构成无线网络，从而协作地采集网络覆盖范围内的感知对象的信息。各类传感器及红外识别、激光扫描等技术，与物联网中的其他信息采集手段类似，都是实现物体间通信与自动识别的技术基础，但并不能简单等同于物联网本身。物联网强调通过传感与信息技术为物体间的互联提供更高层次的应用服务；传感网则更侧重于相关硬件设备及技术本身的组成与运作。另外，有学者认为互联网实现的是人与人、人与信息之间的有效沟通，而物联网则是以物为主体对象，在综合技术层面实现了人与物、物与物之间的信息交互。物联网是在互联网基础上扩展和延伸的网络，只要是物体之间通过网络连接，无论是否接入互联网，都属于物联网的范畴。例如，智能电网、智能物流、电子医疗等领域可以依据实际需要和场景特点，组成内部专网或局域网，以实现物联网应用。物联网还能在泛在连接的基础上，进一步实现智能化交互，以此为各行各业带来新的价值增长点，如图1-1所示。

1.1.2 物联网的特征

当前，物联网应用不断普及，相关研究逐渐深入，物联网的相关概念和支撑技术正在不断发展。物联网中的"物"除了各种电器、电子设备等装置，还包括服装、食物、工具等日常非电子类物品。物联网不仅将各类物体融入网络中实现识别和控制，还使得物体具

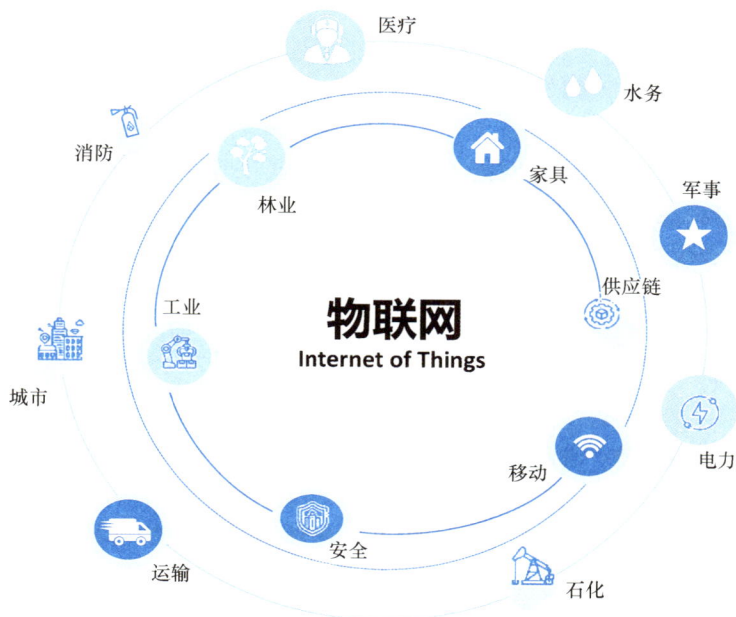

图 1-1　物联网与各行各业

有主动信息交互和智能化处理的能力。物联网涵盖的技术体系已从早期以传感器为核心的单一技术，逐步演进为一套涵盖多层次的综合技术架构，包含以数据识别与采集、传感器网络组网和协同信息处理为代表的感知技术，以互联网、异构网融合、M2M（Machine-to-Machine）、无线接入为代表的网络技术，以及提供丰富用户服务的应用技术。同时，大数据、云计算、边缘计算、人工智能（Artificial Intelligence，AI）等新一代信息技术的融入为物联网提供了更加智能、优化的实现方案。人们对物联网概念的理解也从 IoT（Internet of Things）逐渐延伸为 IoE（Internet of Everything）、WoT（Web of Thing）、SIoT（Social IoT）等。其中，IoE 不仅是连接事物，还以用户友好的方式连接人、过程和数据；WoT 是将连接的对象利用基于 Web 的语言和协议来加强互操作性，也提升了用户交互水平；SIoT 是将社交网络的概念融入物联网，以更有效的方式支持新的应用和网络服务。

根据 ITU 发布的"Y.2060 建议书"，物联网的基本特征可概括如下：

（1）互联互通：通过有线和无线网络，一切事物都能与全球信息通信基础设施互联，将事物的信息准确地传递。物联网连接的建立需要基于事物的识别，并需要通过统一的方法来处理。

（2）与事物相关的服务：物联网能够在事物的限制范围内提供相关的服务，提升对物理世界和信息世界的洞察力，实现智能化的决策和控制。

（3）差异性：物联网的装置具有差异性，即基于不同的硬件平台和网络。这些装置通过不同的网络与其他装置或业务平台互动。

（4）动态变化：物联网的装置状态和数量可以动态变化，如连接和/或断开、睡眠和唤醒等。

（5）规模大：物联网需要管理的装置数量要远大于当前与互联网连接的装置数量，并且它们需要相互通信。

（6）互操作性：物联网需要确保差异和分布式系统之间的互操作性，以提供和使用不同的信息和服务。

（7）自动网络化：物联网的网络控制功能支持自动网络化，包括自我管理、自我配置、自我优化、自我保护技术和机制，以适应不同的应用域、通信环境和装置类型。

（8）自动业务配置：物联网能够根据运营商配置的或用户定制的规则，通过自动数据融合和数据采掘等技术来提供对应的业务。

（9）基于位置的能力：物联网应支持基于位置的服务，因此需要具备自动感测和跟踪位置信息的能力。

（10）安全性：在物联网中，所有的对象均相互连接，可能会对数据和业务保密性、真实性和完整性产生威胁，因此需将与物联网内装置和用户网络相关的安全政策和技术集成起来。

（11）隐私保护：物联网感测到的对象数据可能包含有关所有者和用户的专用信息。在数据传输、集成、存储、采掘和处理过程中，物联网需要支持隐私保护。

（12）即插即用：物联网需要支持即插即用功能，从而支持即时生成、构成或获取基于语义的要素配置，将事物与应用无缝集成，对应用要求作出及时响应。

（13）可控性：物联网需保证可控性，确保正常的网络操作。物联网应用通常无需人为参与便可自动化运行，但整个操作流程仍需要由相关角色进行管理。

1.1.3　物联网的重要性

物联网是国家战略性新兴产业的重要组成部分，它承载着推动经济发展、促进科技创新和提升国家综合竞争力的使命。在国家战略层面，各个国家政府纷纷进行物联网战略布局，瞄准重大融合创新技术的研发与应用，促进了数字经济的蓬勃发展。

欧盟在 2015 年成立"物联网创新联盟（Alliance for the Internet of Things Innovation，AIOTI）"，并在 2016 年启动"物联网欧洲平台倡议（Internet of Things Initiative）"和物联网大规模试点计划。2014～2020 年间，欧盟"地平线 2020（Horizon 2020）"计划为物联网相关的研究、创新和部署提供了近 5 亿欧元的资助。

日本总务省于 2004 年提出了"u-Japan"构想，希望将日本建成一个任何人在任何时间和地点都可以上网的信息社会。2009 年 7 月，日本 IT 综合战略本部发布了"I-Japan"战略，指出物联网技术将在交通运输、医疗健康、教育服务以及环境监测等多个关键领域中发挥重要作用。

2004 年，韩国情报通信部发布了"IT-839"计划，引入"无处不在的网络"概念，强调信息技术与信息服务的发展不仅要满足经济增长，而且要为人民日常生活带来革命性的进步。自 2014 年起，韩国政府先后出台《物联网基本规划》《新一代智能设备 Korea 2020》等，确定了开拓物联网服务市场、培育全球物联网专门企业、构建安全活跃的物联网发展基础设施等任务。

作为数字化时代的核心技术之一，物联网将传统产业与新一代信息技术深度融合，为各行各业带来了巨大的发展机遇，催生了大量新技术、新产品、新模式，引发了全球数字经济浪潮。对于企业来说，物联网作为关键的科技创新引擎，对于推动科技创新具有重要意义，同时物联网采集到的各类数据提升了对物理世界和信息世界的洞察力，可以提高用户绩效、公司决策或运营效率。卡特彼勒公司与数据分析公司 Uptake 联手，利用车载传感器采集分布在全球工程机械所在位置、工作路径、工作和闲置时间、发动机温度和转速等数据，实现工程机械合理调配使用、预测性维修保养、功能质量提升等。另外，收集、传输和接收数据的能力也为用户提供了新的可能性。香港 ZCB 大楼作为该地区第一座"零碳"建筑，布置了 2800 个传感器和定制的管理系统，通过主动能效控制将能耗减少了 25%。

1.2　物联网的发展

1.2.1　全球物联网发展

物联网是继计算机、互联网与移动通信网之后的新兴信息产业浪潮，其诞生于 1999 年，至 2004 年间经历了萌芽期。2005 年，国际电信联盟对物联网的概念进行了拓展。IBM 首席执行官 Samuel Palmisano 于 2008 年提出"智慧地球（Smart Planet）"的概念，建议政府投资智慧型基础设施。同年，欧盟发布《Internet of things-an action plan for Europe》，系统地阐述了物联网的发展前景，提出了促进物联网发展的行动计划。2009 年，时任美国总统奥巴马与美国工商业界领袖举行圆桌会议，将新能源与物联网列为振兴国家经济的两大重点科学技术。在全球数字化潮流中，充分发挥物联网的作用，将成为国家实现可持续发展和保持竞争优势的重要手段。

欧盟曾在《Internet of Things in 2020》报告中作出分析，物联网的发展可分为四个阶段：第一阶段是在 2010 年之前射频识别技术被应用于物流、商品零售和医药领域；第二阶段是在 2010～2015 年全面形成物物相联；第三阶段是 2015～2020 年进入半智能化；第四阶段是在 2020 年后，物联网全面进入智能化。当前，物联网发展的基础设施体系已基本建成，全球范围内发展势头强劲，呈持续快速增长态势。根据全球移动通信系统协会（Global System for Mobile communications Association，GSMA）统计，2010～2020 年全球物联网设备数量高速增长，复合增长率达 19%；2020 年，已实现约 126 亿台设备互联。可以预见，"万物物联"将成为未来全球网络演进的核心方向，据物联网研究机构 IoT Analytics 对 1414 个实际物联网应用项目开展的研究，在全球份额中占比最高的是制造业/工业（占比为 22%），其次是运输业（占比为 15%）和能源物联网项目（占比为 14%）。

我国物联网产业在国家大力推动下，积极探索物联网的发展路径。2016 年，国务院印发了《"十三五"国家信息化规划》，强调推动物联网感知设施规划布局，发展物联网开发应用，深化物联网在城市基础设施和生产运营中的应用。2020 年，工业和信息化部发布了《关于深入推进移动物联网全面发展的通知》，提出加快移动物联网网络建设、加强移动物联网标准和技术研究、提升移动物联网应用广度和深度、构建高质量产业发展体系、建立健全移动物联网安全保障体系等重点任务。2023 年，中共中央、国务院印发了《数字中国建设整体布局规划》，进一步强调了打通数字基础设施大动脉，推进移动物联网全面发展。在国家层面的大力支持下，各类物联网技术在我国电网、交通、工业、物流、环保、农业、民生等领域开展了应用，为相关行业发展带来了新的机遇。

（1）智能电网：智能电网在传统电网的基础上，将物联网运用在发电、输电、变电、配电和用电等各个环节。通过获取电网各层节点资源和设备的实时运行状态，构建了一个具备自适应调节能力的多能源统一入网和分布式管理的智能化网络系统。这一系统不仅能够实时监控用户用电信息，还能采取最经济的输配电方式，从而提高电网的经济性。通过这种智能化的管理方式，智能电网能够显著提高用户供电质量，实现更高效的能源利用，为社会提供更为可持续的电力解决方案。

（2）智能交通：智能交通系统的推广不仅能够有效降低交通事故的频率，减缓交通堵塞，而且有助于强化交通监管，减少尾气排放。以北京为例，全市在主干道广泛部署了地埋感应线圈，并借助无线传感技术优化交通管控，使道路通行效率提升了 15%。同样，上海延安高架路通过智能监控系统的应用也成效显著，在保持车流量不变的前提下，全天的平均车速提高了 15%。

（3）智能生产：传感器、RFID 等技术能够实时获取生产设备的运行状态、温度、湿度等信息，实现对生产过程的全面监控。通过准确地了解设备的运行情况，提高设备的利用率和寿命，同时避免了设备故障可能带来的生产损失。物联网技术能够记录每个关键生产节点，形成一条完整的生产轨迹，这不仅方便了对产品质量的溯源，还能及时发现生产过程中的问题，提高了生产决策的科学性和灵活性，降低了人为操作的错误风险。

（4）智能物流：传统物流依靠人工来录入和清点物品信息，无法及时跟踪最新的物品状态信息，而智能物流主要基于 RFID 的产品可追溯系统、智能配送可视化管理网络、全自动的物流配送中心以及智能配货的物流网络化公共信息平台，帮助企业制定库存分配策略，降低成本、改善服务。例如，中远物流公司采用信息化管理成功地将分销中心的数量从 100 个减少至 40 个，分销成本降低了 23%，燃料使用量降低了 25%，碳排放量减少了 10% 以上。

（5）生态环境监控：运用物联网技术，能对城市大气、固废、饮用水源地、噪声等生态环境进行动态监管。通过不同生物、声学、光学、化学、红外等传感器对大气、土壤、水库、湿地等自然生态环境中的各项指标进行全面感知，将感知到的数据传输到信息处理中心，为污染源监测、环境灾害预警提供数据基础。例如，中国移动在广州通过 M2M 技术构建了约 4000 个环境监测节点，对餐饮油烟排放、工业废水排放及施工噪声等污染源实施动态数据采集。又如，厦门部署了基于 TD-SCDMA 的智能传感终端，实现了环境噪声的实时监测。

（6）电子医疗：在人身上安置不同的医用传感器，将人体的血压、脉搏、呼吸、体温等生理信息转换成为与其存在确定函数关系的电信息，供临床诊断和医学研究使用。借助物联网，将病人的各项监测数据传输至信息平台，有助于建立电子病历，提升医疗信息化建设水平。根据国家卫生健康委员会的相关资料，瑞典大约有 85% 的医生使用电子病历，其最新的电子病历系统将临床决策支持系统整合到医疗服务流程中，使用标准医学词汇规范医学概念，实现数字化医嘱录入。此外，该系统可以开展针对错误和方法有效性的定量分析，从而有效减少超过一半的医疗错误。

（7）智慧农业：智慧农业积极推动对农业生产全过程的信息感知、精准管理和智能控制。在农业种植领域，通过应用传感设备、摄像头以及卫星遥感等技术，收集大量农田数据，实现了对农作物生长情况的全面感知。这些数据通过精准分析，为农业生产提供了科学依据，帮助制定更加有效的种植方案，优化农作物的生长环境，提高产量和质量。在畜牧养殖方面，智慧农业应用了诸如耳标和摄像头等技术，对畜禽进行全方位数据收集。通过分析这些数据，能够了解畜禽的喂养情况、活动轨迹、位置信息以及健康状况等信息。这不仅有助于实现畜禽养殖过程的精细化管理，还能够及时发现潜在的健康问题，采取相应的预防和治疗措施，提高畜禽养殖的经济效益和可持续性发展水平。

（8）智能家居：智能家居利用综合布线技术、网络通信技术、安全技术、自控技术将与家居生活有关的智能设备集成，通过 Wi-Fi、蓝牙、ZigBee 等通信协议，使得这些智能设备可以方便地与中央控制系统或者用户的手机、平板电脑等终端进行实时互动，为人们的生活创造出更舒适、方便与安全的家居环境。例如，智能家居通过智能监控摄像头、门窗传感器等装置，实时监测家庭安全状况，一旦发生异常，将及时发出警报。此外，自控技术的应用使得智能家居能够更好地适应用户的生活习惯，通过学习和分析数据，调整室内温度、光线亮度等参数，创造更加舒适的个性化居住环境。

根据国家互联网信息办公室发布的《数字中国发展报告（2020 年）》，我国已建成全球最大的窄带物联网（NB-IoT）网络，移动物联网连接数达到 11.5 亿，感知终端广泛部署到水电燃气等市政设施领域。根据 Strategy Analytics 的数据，2018 年中国物联网行业的市场集中度较低，排名前五的厂商仅占据了 23.8% 的销售份额，前十大厂商的市场份额为 24.2%，显示出市场分散、企业之间跨界竞争频繁、产品类别界限模糊等情况。到了 2019 年，行业集中度有所提升，前五大厂商的销售额占比上升至 26.1%，前十名则达到 27.8%。物联网传感器作为数据采集的源头，已经成为各种应用能力所需的数据来源所在。目前，我国涌现出了一些传感器芯片重点生产企业，建立了相对成熟的低频和高频 RFID 产业，同时在超高频 RFID、通信协议、网络管理以及各类新型传感器等领域已经取得了突破性进展，研发了具有国际先进水平的光纤传感器。另外，我国在传感器网络接口、标识、安全等相关技术标准的制定上也取得了一定进展，所提交的多项技术标准提案也被国际标准化组织采纳，应用功能也从早期物品识别向智能化过渡。

1.2.2 物联网产业链

物联网的产业链涉及多个关键技术和产业领域，构成了一个庞大而复杂的体系，如图 1-2 所示。在上游感知识别环节，涉及的主要参与者包括传感器厂商、芯片厂商、终端及模块生产商。这些公司专注于研发和生产各种先进的元器件，其中包括但不限于传感器、微处理器和通信模组等。这一阶段的创新和进步直接影响整个物联网系统的性能和功能。

中游网络传输是物联网产业链的另一个关键环节，主要涉及通信网络运营商。这些运营商在物联网生态系统中扮演着关键的角色，提供不同类型的通信网络，包括蜂窝通信网络和非蜂窝网络。这样的细分使得物联网系统能够根据具体需求选择最适合的通信网络类型，从而实现更灵活、高效的数据传输。

在下游应用服务领域，物联网产业链进一步展开，涉及应用供应商、系统集成商以及平台服务商等多个参与者。这些公司致力于开发各种创新性的产品和服务，其中包括操作系统、智能硬件和物联网应用服务，直接面向终端用户，从智能家居到工业自动化，覆盖

上游感知识别　　　　　中游网络传输　　　　　　　　下游应用服务

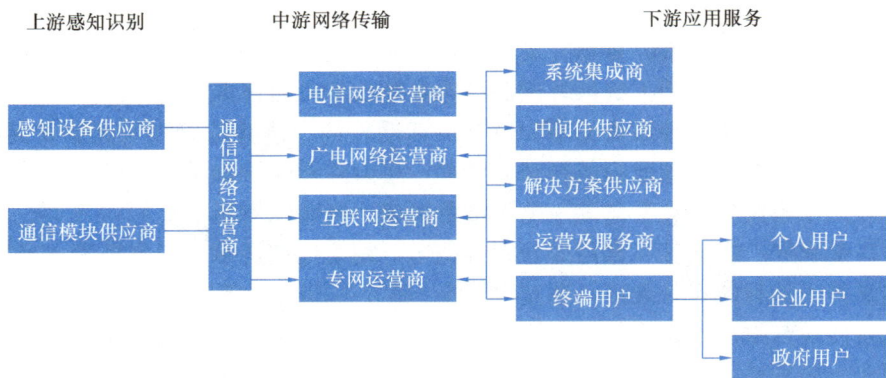

图 1-2　物联网产业链

了广泛的应用领域。

1.2.3　物联网发展挑战

虽然我国物联网正在经历飞速发展，但仍有一系列问题需要解决。具体包括以下内容：

物联网发展所面临的最显著挑战之一是标准化的缺乏。物联网涉及物理连接和交互的"硬标准"以及业务和应用的"软标准"。当前，各种物联网技术的发展因行业而异，各相关行业和企业纷纷加入，形成百家争鸣的局面。然而，各种标准尚未达成一致，尚未形成在不同地区和场景都被广泛认可的标准。为了迎接这一挑战，迫切需要加强相关标准化的研究工作，并积极参与物联网技术的国际标准化进程，以推动物联网行业朝着更加统一和互操作的方向发展。

物联网是互联网的延伸，随着各种接入方式的不断增多，涉及的通信协议变得越发复杂，因此需要建立更为高效的数据接入方式，以促使人与物、物与物之间实现更紧密的互联。与此同时，随着物联网的蓬勃发展，数据隐私和安全问题逐渐成为万物互联互通过程中不可忽视的关键问题。当前，各种用户数据泄露或滥用的事件屡见不鲜，因此未来我国将不可避免地出台更加严格的法规和监管措施，以加强对用户数据的保护。特别是在涉及用户敏感数据的行业，监管力度可能会逐渐加大，以确保数据安全和隐私保护得到更为有效的实施。

我国物联网行业表现出一种"中间强、两头弱"的状况，感知、传输、处理、存储、安全等重点环节技术存在明显短板。截至 2019 年，电子特种气体国产化率不足 20%，半导体光刻胶国产化率更是不到 5%，半导体材料制造工艺比国际先进水平落后至少 2 代。同时，专注于根据不同行业应用特点和网络环境进行专业化设计、开发和生产物联网设备的企业数量依然不足。如何突破高端传感器、物联网芯片、新型短距离通信等关键技术，仍是亟需解决的重要问题。

物联网产业涵盖了传感器制造商、通信网络运营商、系统集成商、平台服务商等多个主体，其涉及的产品范围广泛，不同企业在擅长领域和发展重点上存在差异。尽管不同领域之间的产品同质化程度相对较低，但在同一领域内，同质化现象十分明显。特别是在应用领域，物联网领域的竞争异常激烈，全球服务提供商都在积极挖掘下游应用需求，推动物联网的应用领域不断扩展。为促进物联网的健康发展和广泛应用，必须强化不同行业和部门之间的合作，促使各方更好地理解和适应快速变化的市场需求，共同应对同质化竞争和不断扩展的应用领域所带来的挑战。

技术的蓬勃发展是一个渐进的过程，其推动力量既源于社会需求，又得益于技术和需求之间的相互作用与促进。物联网的发展不仅依赖于技术的不断演进，更需要各个行业的密切协作。这样的协作不仅要求技术层面的共谋，还需要合适的产业政策和行业规范，从而克服发展中的种种挑战。只有通过全方位的支持和协同努力，物联网才能迈向更高质量的发展轨道。

1.3 什么是工程物联网

1.3.1 工程物联网的内涵与特征

工程物联网是物联网在工程领域应用的具体形式，是一套支持工程建设与工业、信息化深度融合的技术体系。这一体系涵盖了硬件、软件、网络、平台等多个方面，包括感知、传输、处理和控制等技术。在大量工程建设需求的推动下，工程物联网提升了项目实施过程中信息集成的能力，提高了资源利用的效率。2020年，住房和城乡建设部等部门制定《关于推动智能建造与建筑工业化协同发展的指导意见》，将加快传感器、高速移动通信、无线射频、近场通信及二维码识别等物联网技术应用列为建筑业转型升级的重点任务。

工程物联网通过各类传感器，按照一定的频率周期性地采集工程要素信息。借助统一定义的数据接口和中间件构建数据通道，实现各感知要素信息的实时、准确传递。在工程物联网的支持下，工程施工现场将具备如下特征：

1. 万物互联

基于移动互联网、智能物联等多方面的组合，致力于实现"人、机、料、法、环"五大工程要素之间的高效互联互通。在这个框架中，"人"被视为工程作业的主体，包括各类工程施工现场的工种和管理人员；"机"代表着工程机械设备和工具，如土方工程机械、石方工程机械、起重机械等；"料"则指建筑产品的原材料，如钢筋、水泥等；"法"包含了工程方法的方方面面，涵盖建造规划、设计和施工方案等；而"环"则关注工程现场的作业环境和周边环境，包括水文、地质、气象、噪声等多个方面。通过这种全面的互联互通，能够更好地协调和管理五大工程要素，提高工程的整体效率和质量。

2. 高效整合

工程物联网精准收集各种工程要素的信息，并通过相应的接口进行高效整合。这种高效整合机制推动了工程实体与虚拟模型之间的紧密互动。所收集的海量信息不仅包括相对完整的历史数据，还涵盖了实时信息，使得项目执行情况能够以更全面的方式展现出来。这种融合实体和虚拟的交互方式为工程管理提供了新的维度，为项目的成功推进提供了支持。

3. 全面协同

在建立高效信息整合的基础上，各工程参与方通过一个统一的平台实现了信息共享，进一步提升了在跨部门、跨项目和跨区域层面的多层级协同能力。以信息为纽带,利用统计分析和价值挖掘等处理方式,提高了不同管理任务和决策之间的协同水平,更加有效地满足复杂场景下的应用需求。这一整合和共享机制将为各方提供更全面、准确的信息支持,有助于加强整体业务流程的协同性。

1.3.2　工程物联网与工业物联网

物联网技术的发展以及工业和工程行业发展的需求,驱动了工业物联网和工程物联网的形成和发展。工业物联网是物联网在工业领域的应用,其通过工业资源的网络互联、信息互通和系统互操作,推动实现制造原料的灵活配置、制造过程的按需执行、制造工艺的合理优化和制造环境的快速适应,不断提升高效利用资源的能力,从而逐步形成服务驱动型的新工业生态体系。

工业物联网适用于工业环境,因此与通用物联网具有两个主要的不同点:一是在感知层中,大多数工业控制指令的下发以及传感器数据的上传需要保证实时性。通用物联网网络层往往采用以太网或者电信网,这些网络缺乏实时传输保障,并不适用于在高速率数据采集或者进行实时控制的工业应用场合。二是在现有的工业系统中,各企业通常独立部署专用的数据采集与监控系统(Supervisory Control and Data Acquisition,SCADA),用于厂区内的生产数据收集和设备运行监测。由于SCADA系统的部分功能与物联网应用层存在交叉,因此需要实现SCADA技术与物联网的有机整合。值得注意的是,工业物联网在通用物联网架构基础上增设了现场管理层,这一层级相当于一个应用子层,能够执行数据预处理等操作,为工业场景下的实时控制、异常报警及数据记录等关键功能提供支撑。

工业物联网所包含的技术要点与工程物联网基本一致,其平台搭建需要重点解决多类工业设备接入、多元工业数据集成、海量数据管理与处理、工业应用创新等问题。但在具体实施方面,工业物联网与工程物联网存在一定的区别(见表1-1)。首先,组建工业物联网的主要目的在于实现产品和设备的互联,弱化生产过程中来自人的不稳定因素,提高生产线的自动化水平;而工程物联网的感知对象包括现场人员、机械、环境等多类要素,并且感知对象随着施工进展动态变化。其次,大部分工业生产在室内进行,生产要素之间处于强耦合状态;而工程场景具有动态性,生产要素之间处于弱耦合状态,因而需要通过多传感器的融合感知来保障系统整体的可靠性。最后,工业活动往往具有高度可重复性,工业物联网组网往往采用现场总线、工业以太网等相对成熟的通信组网方式;而工程建设任务具有多样性,需要灵活、便携的组网方式,且数据传输需克服密集结构体、随机地磁场带来的信号屏蔽。

工业物联网与工程物联网对比　　　　　　　　　　　　　　表1-1

特点	工业物联网		工程物联网	
	工业特性	部署需求	工程特性	部署需求
感知特点	以工业生产设备为主	感知设备的运行、健康状态等	以工程要素为主	感知工程要素的身份、行为等

特点	工业物联网		工程物联网	
	工业特性	部署需求	工程特性	部署需求
过程特点	作业安全相对稳定、瞬时耦合	严格阈值控制，精确感知	建造空间实时变化、延时耦合	模糊控制，融合感知
任务特点	流水线生产工作、任务重复	组网相对固定	建造活动唯一，不可复制	无线组网相对灵活
环境特点	工业环境高温、高压情况突出	感知节点的可靠性	建造空间场景复杂	传输网络的可靠性

1.3.3 工程物联网发展趋势

从技术创新趋势来看，物联网行业发展的内生动力正在不断增强。传感设备和信息技术不断突破；物联网平台迅速增长，综合服务支撑能力迅速提升；AI、区块链、边缘计算等新兴技术不断注入物联网，为物联网带来新的活力。受技术和产业成熟度的综合驱动，物联网呈现出"感知融合化、连接泛在化、计算边缘化、终端智能化"等发展态势。

在工程建设领域，工程物联网技术也在不断发展，从而更有效地服务工程建设的各个环节。工程物联网技术的发展趋势具有如下特点。

1. 感知融合化

数据是当前数字化时代不可或缺的基础元素，而数据流则充当工程建设项目正常运转的神经系统。在工程建设项目中，由于涉及各种不同类型的信息，单一类型的传感器难以满足多样化的数据采集需求。以施工人员为例，身份信息的获取可以通过 RFID 或生物识别技术实现，而施工人员的位置信息则可借助卫星定位、UWB、BLE 等技术根据具体情况进行选择。在工程物联网体系中，数据融合的实施使得不同时间和空间的多传感器数据资源得以充分利用，通过按时间序列获取多传感器的观测数据，系统能够比其各组成部分更为全面地获取信息。这样的数据流融合不仅有助于满足工程施工现场管理的实际需求，还能提供远程管理、安全预警、资源调度等服务。通过将多源数据有机结合，相关管理过程可以更加精准和可靠。

2. 连接泛在化

泛在感知是工程数据获取的基础。工程物联网的泛在感知由多种信息采集技术构成，如定位系统、视频监控、红外激光扫描等感知和测量技术。这些技术的目标是实时监控工程对象的各种状态要素数据，并将其转化为可传输、可存储、可处理的电子信号或其他形式的信息。泛在感知的应用不仅是简单地收集信息，更是通过整合和连接各种要素，实现对工程过程的全面、实时监控，为工程管理提供了支持和决策依据。例如，数据采集与监控系统、分布式控制系统等与工程施工现场的传感器、施工机械、工人装备等相互连接，形成一个紧密的网络。这种网络使得管理人员能够实时获取关键数据，了解工程进展和状态，从而更有效地进行决策和调整。

3. 计算边缘化

工程物联网的应用层是工程物联网发挥实际效益的重要体现，由工程控制模型、智能控制系统、微型控制装置等组成。工程建设过程中大部分的监控要素及过程都具有非线性、时变性、多层次、多因素以及不确定性特征。在实际施工过程中，往往通过专业人员的经验判断进行风险管理，这种控制方式不满足实时性要求，也难以保障决策的可靠性。因此，建立工程实时控制系统指导工程建设过程的实施推进十分重要。边缘计算指在靠近数据产生的网络边缘侧，融合计算、存储、应用等核心能力的开放平台，就近提供边缘智能服务，满足工程数字化在实时分析、数据安全等方面的需求，从而更高效地支撑工程本地业务及时处理，并优化利用有限的计算资源。

4. 终端智能化

工程物联网的终端智能化主要体现在两个方面，一是底层传感设备向微型化、智能化方向发展；二是工程决策控制系统开放和智能程度逐渐扩大。工程物联网终端往往处于各种异构网络环境中，产生的数据具有明显异构性，包括温湿度数据、变形数据等结构化数据，施工日志等半结构化数据，现场摄像头采集的非结构化流媒体数据等。大量的数据五花八门，很难直观地体现彼此之间的内在联系。例如，针对基坑开挖过程中的沉降风险，需要考虑桩顶水平位移、支撑轴力、地下水位等十余种因素。构建基于工程物联网的基坑监测系统，将监测采集的数据计算分析，确定不同环境下基坑沉降的机理，形成对应的工程知识，从而产生全新的数据价值。

本章小结

新一代信息技术是我国重点发展的战略性新兴产业。物联网作为新一代信息技术产业的重要组成部分，具有全面感知、可靠传递、智能控制等技术特点，在工业、农业、交通等方方面面得到了广泛应用。工程物联网是在工程建设领域对物联网技术的应用及发展，是实现建造过程可计算、可分析、可控制的关键技术，也是构建智能工地的重要支撑。

本章讲述了物联网的基本概念和主要特征，描述了物联网技术的发展趋势和挑战，介绍了物联网对社会经济、各行各业发展的重要性。在此基础上，结合建筑业的特点，解析了工程物联网的内涵与特征，并对工程物联网和工业物联网进行比较，进一步分析了工程物联网的发展态势。

思考题

1. 什么是物联网？物联网技术有哪些特点？
2. 国内外物联网发展呈现出哪些趋势？
3. 简述工程物联网和工业物联网的主要区别和联系。
4. 简述工程物联网的发展要求。
5. 简述工程物联网的发展趋势。

参考文献

[1] 李德仁，龚健雅，等．从数字地球到智慧地球[J]．武汉大学学报(信息科学版)，2010，35(2)：127-

132，253-254.

［2］　宁焕生，徐群玉．全球物联网发展及中国物联网建设若干思考［J］．电子学报，2010，38(11)：2590-2599.

［3］　孙其博，刘杰，等．物联网：概念、架构与关键技术研究综述［J］．北京邮电大学学报，2010，33(3)：1-9.

［4］　陈珂，丁烈云．我国智能建造关键领域技术发展的战略思考［J］．中国工程科学，2021，23(4)：64-70.

［5］　Madakam，S.，Ramaswamy，R.，et al．Internet of Things(IoT)：A literature review［J］．Journal of Computer and Communications，2015，3：164-173.

［6］　Čolaković，A.，Hadžialić，M．Internet of Things(IoT)：A review of enabling technologies，challenges，and open research issues［J］．Computer Networks，2018，144：17-39.

［7］　Woodhead，R.，Stephenson，P.，et al．Digital construction：From point solutions to IoT ecosystem［J］．Automation in Construction，2018，93：35-46.

［8］　Ghosh，A.，Edwards，D. J.，et al．Patterns and trends in Internet of Things(IoT)research：future applications in the construction industry［J］．Engineering Construction and Architectural Management，2020，28(2)：457-481.

［9］　Tang，S.，Shelden，D. R.，et al．A review of building information modeling(BIM)and the internet of things(IoT)devices integration：Present status and future trends［J］．Automation in Construction，2019，101：127-139.

［10］　李冬月，杨刚，千博．物联网架构研究综述［J］．计算机科学，2018，45(S2)：27-31.

［11］　邬贺铨．物联网的应用与挑战综述［J］．重庆邮电大学学报(自然科学版)，2010，22(5)：526-531.

［12］　李士宁，罗国佳．工业物联网技术及应用概述［J］．电信网技术，2014，(3)：26-31.

工程物联网架构

知识图谱

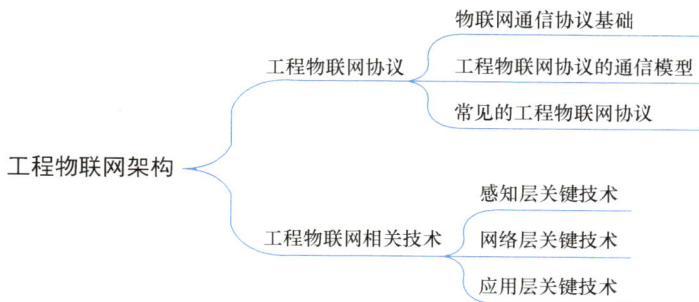

工程物联网架构
- 工程物联网协议
  - 物联网通信协议基础
  - 工程物联网协议的通信模型
  - 常见的工程物联网协议
- 工程物联网相关技术
  - 感知层关键技术
  - 网络层关键技术
  - 应用层关键技术

本章要点

知识点 1. 工程物联网的体系结构。

知识点 2. 工程物联网的通信协议。

知识点 3. 工程物联网感知层的关键技术。

知识点 4. 工程物联网网络层的关键技术。

知识点 5. 工程物联网应用层的关键技术。

学习目标

（1）了解工程物联网的架构层次及各层次作用。

（2）了解工程物联网协议的通信模型。

（3）掌握工程物联网感知层、网络层和应用层的关键技术。

工程物联网的架构可以参考通用物联网架构，一般分为三个层次，从下至上依次为感知层、网络层和应用层。感知层通过传感器识别物体，从而采集数据信息，是实现物联网全面感知的基础；网络层负责将感知层采集的数据信息，按照约定的通信协议，传输至应用层；应用层作为物联网终端数据的集合点，负责数据的统一存储、处理和分析，并通过标准的应用程序接口（Application Programming Interface，API）提供给业务平台进行数据调用，从而实现对物理世界要素的实时控制、精确管理和科学决策。

2.1 工程物联网协议

2.1.1 物联网通信协议基础

通信协议是双方实体为完成通信或服务所必须遵循的基础规范，其规定了数据单元格式、通信内容、连接方式以及信息发送和接收的时序，从而保证数据能够正确、可靠地传送到指定位置。

通信协议由语法、语义以及定时规则三个要素组成：语法包括数据的格式、编码和信号等级；语义定义了数据内容、含义和控制信息等通信内容；定时规则明确了通信顺序、速率匹配和排序等。

在物联网中，通信协议用于实现具有感知、通信、计算功能的智能物体、系统和信息资源的互联，通过规定所交换的数据格式以及事件实现的顺序，完成可靠稳定的数据交换。

2.1.2 工程物联网协议的通信模型

物联网体系是物联网层次结构与各层次协议的集合。对于工程物联网，感知层位于其结构的最底层，通过传感网络直接获取施工人员、建筑结构及其周边环境等对象的相关信息，如主体结构沉降、关键构件变形、环境温/湿度等。网络层通过网络通信技术将感知层收集的信息安全可靠地传输到应用层。作为互联网的延伸，工程物联网网络层在核心层面同样是基于 TCP/IP 协议，但在接入层面则存在多种协议类别。

通信技术实现工程物联网数据和控制信息的双向传递、路由和控制，可以分为有线通信和无线通信。有线通信具有稳定性强、可靠性高的特点，主要包括以太网、RS-232、RS-485、M-Bus、PLC 等。相较于有线通信，无线通信由于不受限于媒介，得到了快速发展和广泛应用。无线通信主要分为蜂窝移动通信，比如 3G/4G/5G 和短距离无线通信技术，再如蓝牙、Wi-Fi、ZigBee 等。然而，这两种无线通信技术在面对工程物联网应用时都存在相应的不足。尽管蜂窝移动通信覆盖广、移动性强、终端承载量大，但其应用成本较高，不适用于通信不频繁、移动性较低、数据量较小的应用场景；另外，短距离无线通信无法满足工程物联网覆盖广以及远距离传输的需求。因此，一种低成本、低功耗、覆盖广、支持大连接场景的通信技术——低功耗广域网（Low Power Wide Area Network，LPWAN）应运而生。LPWAN 是当前物联网接入网技术的主要热点，包括 NB-IoT、LoRaWAN、Sigfox 等。

应用层可以分为数据管理子层和行业应用子层。数据管理子层实现应用层与低层的连接，负责数据的汇聚、存储和挖掘等；行业应用子层基于数据管理子层的数据实现各种业务逻辑，为工程建设项目提供物联网服务。针对工程建设项目的不同需求，应用层协议也有所不同，常用的应用层协议包括 HTTP、MQTT、CoAP 等。图 2-1 给出了工程物联网分层网络通信协议示意图。

应用层	HTTP	MQTT	CoAP	LwM2M
网络层	传输协议	TCP		IPv4		IPv6
	接入协议	有线通信 以太网 RS-232 M-Bus	蜂窝移动通信 3G 4G 5G	短距离通信 蓝牙 ZigBee Wi-Fi	LPWAN NB-IoT LoRaWAN Sigfox
感知层	传感器			

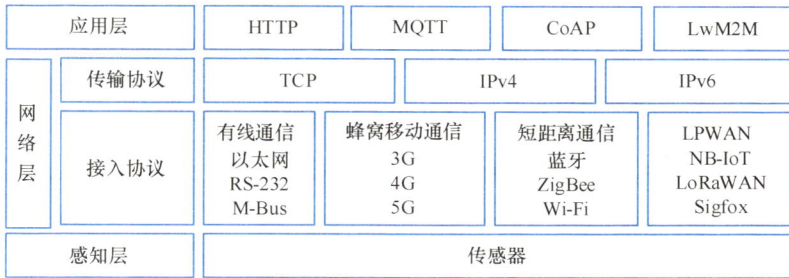

图 2-1 工程物联网分层网络通信协议示意图

2.1.3 常见的工程物联网协议

工程物联网协议分布在体系结构的不同层，本节将介绍常见的工程物联网协议，包括接入协议、传输协议和应用层协议。

1. 接入协议

接入协议是负责工程物联网内设备间通信和组网的协议。LPWAN 是一种用于低比特率、长距离通信的新型电信网络，专为大连接场景应用而设计，能够轻松实现包括传感器在内的各种"物"的接入。LPWAN 又可以分为两类：一类是工作于未授权频谱的 LoRaWAN、Sigfox 等技术；另一类是工作于授权频谱下的 NB-IoT 等技术。

相较于蜂窝移动技术和短距离通信技术等传统接入协议，LPWAN 能更好地与工程物联网应用需求相匹配。从覆盖范围来看，由于 LPWAN 具有覆盖广、穿透性强的特点，可以轻松实现各类低功耗设备的覆盖和接入。未来运营商级的 LPWAN 也会像当前 3G/4G/5G 蜂窝网络一样，成为覆盖整个城市甚至国家的一张大网。此外，LPWAN 具有超低功耗，非常适用于数据传输量较小、功耗要求较高的工程应用场景。例如，对于安装在建筑结构内部不易施工位置处的传感设备，数年甚至数十年都无需更换电池。从组网的便捷性来看，LPWAN 与 ZigBee、蓝牙等技术不同，其作为广域网，支持该网络协议的设备在初次使用时无需进行配置，即可以直接接入相应网络。由于上述优势，LPWAN 已经成为工程物联网接入网的主要技术之一。

（1）NB-IoT

NB-IoT 于 2015 年在第三代合作伙伴计划（3rd Generation Partnership Project，3GPP）大会上推出的方案。随后，NB-IoT 于 2016 年 6 月 16 日 3GPP RAN（Radio Access Networks）全会第 72 次会议中获得 RAN 全会批准，正式宣告其标准核心协议全部完成，并于 2017 年进入商用元年。NB-IoT 协议构建和运行在蜂窝网络上，最大程度地利用了现有长期演进（Long Term Evolution，LTE）无线技术的系统设计，从而减少了开发全系列技术规范的时间。此外，NB-IoT 采用授权频带技术，通过对现有蜂窝设备的升级，运营商能够以较低成本实现网络的快速部署。

相较于传统的 LTE 网络，NB-IoT 采用窄带通信技术。NB-IoT 的系统带宽为 200kHz，除去两边 10kHz 的保护带后，实际传输带宽仅为 180kHz，支持独立部署、带内部署和保护带部署三种部署方式。为进一步提高功率谱密度，进而增强信号的抗干扰能力，NB-IoT 系统带宽被划分为多个更窄的子载波。在物理层上行链路设计中，除了传统的 15kHz 子载波间隔外，还引入了 3.75kHz 的子载波间隔，使用户能够采用单子载波方式进行上行传输。这一改进有助于提升上行信号的功率谱密度，从而增强其覆盖性能和传输效率。此外，为了减小终端功耗以及终端处理复杂度，下行不支持束赋型等复杂传输方式。

在网络优化方面，NB-IoT 对现有的 4G 网络进行优化，通过延长系统信息和不连续接收（Discontinuous Reception，DRX）的周期，降低了上行随机接入、小区选择和重选的频次，扩大了寻呼窗长，从而有效降低终端功耗。在空闲状态下，通过终端异频负载均衡来平衡小区之间的资源，以实现更大的系统连接量。为了进一步降低终端功耗，NB-IoT 支持控制面传输小数据的核心网方案，并且通过控制面对分组数据汇聚协议（Packet Data Convergence Protocol，PDCP）和加密过程进行优化，减少信令交互过程。

综上所述，NB-IoT 具有以下三大优势：

1）NB-IoT 的网络覆盖能力强。在同样的频段下，相比传统基站，NB-IoT 网络增益提高约 20 dB，覆盖面积扩大 100 倍，可以覆盖到工程地下管网和各种角落等传统基站信号难以覆盖的地方。

2）NB-IoT 具备海量连接的能力，一个扇区可以支持超过 10 万个连接。

3）NB-IoT 设备低功耗，终端模块的待机时间可长达 10 年。

（2）LoRaWAN

LoRa 是美国 SemTech 公司的专利技术，其采用窄带扩频技术增强信号的抗干扰能力和接收灵敏度。为了推广 LoRa 技术在低功耗广域物联网中的应用，SemTech 公司联合 IBM、Microchip 和 Actility 于 2015 年 3 月成立了 LoRa 联盟。LoRaWAN 是由 LoRa 联盟提出的以 LoRa 技术为基础的一种低功率广域接入网协议，其工作在 Sub-GHz（433/868/915 MHz 等）非授权频段。

LoRa 调制采用线性调频扩频技术（Chirp Spread Spectrum，CSS），其原理是将数字信号调制到 Chirp 信号上，使原始信号的频带扩展至 Chirp 信号所覆盖的整个线性频谱范围，实现更强的抗干扰能力和更远的传输距离。

$$C = B \times \log_2\left(1 + \frac{S}{N}\right) \tag{2-1}$$

式中　C——信道容量；

　　　B——信道带宽；

　　S/N——信号噪声功率比。

由公式（2-1）可知，在信道容量一定的情况下，增加信道带宽可以降低对信道信噪比的要求。因此，扩频技术通过增加传输带宽提高接收端接收灵敏度，使接收器在信噪比很低的情况下仍然可以正确提取信号。同时，LoRaWAN 物理层支持可调的扩频因子（Spreading Factor，SF），单个信道可以同时传输多个不同 SF 的信号，补偿因扩频带来的频谱利用率损失，提高了信道容量和单个基站可承受的终端数量。此外，在给定系统带宽的条件下，通过增大 SF，降低系统传输速率，可以进一步提高接收灵敏度。总而言之，该调制解调技术在满足正确解调信号的前提下，从底层上增强了 LoRaWAN 的广域覆盖能力。

在物理层 LoRa 技术广覆盖、低功耗通信的基础上，LoRaWAN 定义了网络协议和系

统架构，进一步提升其终端电池寿命、网络容量、服务质量和传输可靠性。LoRaWAN
网络通常布局在如图 2-2 所示的星形拓扑中，一般包含多个终端节点（End Node）、多个
网关（Gateway）和一个网络服务器（Network Server），其中网关在终端设备和后端网络
服务器之间中继消息。网络中终端节点相互独立，节点间无链路，每个节点直接与一个或
多个网关进行通信，从而显著降低节点功耗，也避免了因个别节点故障引起的网络瘫痪。
此外，在 LoRaWAN 网络设计中，考虑了网关的功耗消耗。在 LoRaWAN 中，网络的管
理在服务器端进行，网关仅负责在收到数据包之后记录网关的 MAC（Media Access Con-
trol）地址、协议版本以及服务器管理需要的关键信息，从而大幅降低了网关的复杂度和
功耗，服务器端根据接收信号的传输质量控制节点的传输速率，在提升网络吞吐量的同
时，降低网络终端节点的功耗，自适应数据速率最大限度地延长了终端设备的电池寿命。

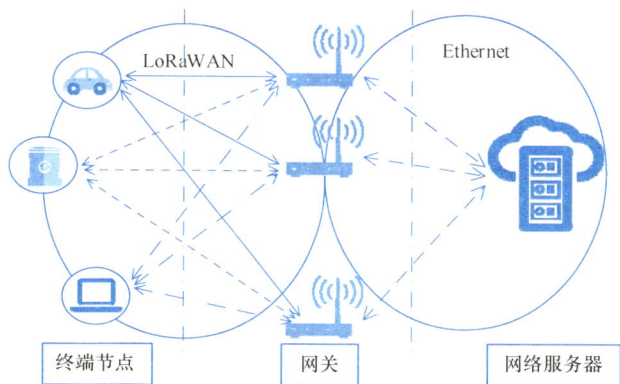

图 2-2　LoRaWAN 网络拓扑

（3）NB-IoT 协议和 LoRaWAN 协议的比较

由于 LoRaWAN 技术进入物联网市场较早，已具备成熟的产业链，目前已在全球数
十个国家、上百个城市完成网络部署和大规模应用。NB-IoT 标准在 2016 年公布，尽管完
整产业链的建立还需要一些时间，但依托全球主流运营商和设备服务商，大规模商业化指
日可待。作为目前 LPWAN 中两种最具代表性的技术，NB-IoT 和 LoRaWAN 都符合工
程物联网低功耗、低成本、广覆盖和大连接的应用需求，但两种技术在性能属性上面稍有
差异：NB-IoT 协议构建和运行在蜂窝网络上，接入的设备可以直接使用 IP 网络进行数据
传输，而 LoRaWAN 协议采用节点加网关的部署方式，需要网关进行协议转换。

下面将从四个方面对 NB-IoT 协议和 LoRaWAN 协议进行比较：

1）工作频段

NB-IoT 采用蜂窝技术，作业于 1GHz 以下的授权频段，网络稳定性好，服务质量有
保障，但应用时需要额外付费；LoRaWAN 工作在 Sub-GHz（433/868/915 MHz 等）非
授权频段，组网和运营相对开放，在应用时不需要额外付费。

2）服务质量和电池寿命

NB-IoT 的授权频段和同步协议为其在实际应用中奠定了良好的服务基础，但无法达
到 LoRaWAN 一样的电池寿命；LoRa 模块可以并行处理多通道数据，抗干扰能力优于
NB-IoT。此外，LoRaWAN 会根据不同的使用场景调整通信频率和数据传输速率，从而

降低电池能耗，但不能提供像 NB-IoT 蜂窝协议一样的服务质量。

3）传输速度和网络覆盖能力

NB-IoT 的传输速度和网络覆盖能力均优于 LoRaWAN，NB-IoT 的传输速度为 160～250kbps，传输距离可达 35km，但其传输也取决于信号强度；LoRaWAN 的传输速度为 0.3～59kbps，传输距离可达 15km。

4）设备成本

由于低成本、技术相对成熟的 LoRa 模块较早进入物联网市场，目前对于终端节点来说，LoRaWAN 比 NB-IoT 更易开发，并且对于微处理器的适用和兼容性更好。

2. 传输协议

现阶段物联网的广域承载网络中，沿用互联网 TCP/IP 体系架构的优势显而易见，但物联网丰富的应用和庞大的节点规模对现有的 IP 技术体系提出了新的挑战。据相关机构预测，未来物联网的规模将达到现有互联网规模的 30 倍。

物联网由众多节点连接构成，为了实现这些节点间的有效通信，就需要为每个接入对象提供唯一的标识和统一的通信平台。目前物联网主要采用 IPv4 地址的寻址体系来进行节点的寻址。然而，随着互联网本身以及物联网的快速发展，从当前地址消耗速度来看，IPv4 的地址已无法满足物联网对海量地址的需求。除了地址资源有限，IPv4 协议在地址分配方式、节点移动性、网络质量保证以及安全性和可靠性等方面均难以适应工程物联网未来的发展需求。

互联网工程任务组（The Internet Engineering Task Force，IETF）于 1994 年正式提出互联网通信协议第六版——IPv6。针对第四版协议 IPv4 存在的问题，IPv6 作出了改进并新增了很多功能，主要如下：

（1）IPv6 提供巨大的地址空间，其地址长度由 IPv4 的 32b 扩展到 128b。128b 的地址划分为地址前缀和接口地址两部分，其中前 64 位地址前缀用于在整个 IPv6 网中进行路由，后 64 位接口地址用来在子网中标示节点。

（2）IPv6 采用无状态地址分配方案来解决海量地址分配的问题。节点设备连接到网络中后，算法将自动生成 IPv6 地址的后 64 位接口地址。随后，节点将进行地址冲突检测，如果接口地址可用，网络中的路由设备将为节点配置 IPv6 地址的前 64 位地址前缀。

（3）针对 IPv4 节点移动性不足以及移动网络中的三角路由问题，IPv6 提出 IP 地址绑定缓冲的概念。一旦查询到 IPv6 数据包的目的地址存在绑定的转交地址，则直接使用转交地址作为数据包的目的地址。此外，IPv6 在移动 IP 机制中引入了探测节点移动的方法，MIPv6 的数据流量可以直接发送到移动节点。

（4）在服务质量（Quality of Service，QoS）保障方面，IPv6 数据包格式包含了与 IPv4 的服务类型字段功能相同的一个 8 位流类别字段，同时又定义了一个新的 20 位流标签字段，以便对有同样 QoS 要求的流进行快速处理。

（5）在安全保障方面，IPv6 将 IPSec（IP Security）协议嵌入基础协议栈中，通过 IPSec 提供加密、认证和完整性三种安全机制，以保证数据传输的安全性。

综上所述，IPv6 作为下一代 IP 网络协议，不仅可以满足工程物联网庞大的地址需求，也可以满足工程物联网对于节点移动性、基于流的网络服务的质量保障等需求。但目前 IPv6 仍存在一些技术问题亟待解决，例如，无状态地址分配的安全性、流标签定义不完善等。此外，由于 IPv4 网络的庞大规模，IPv4 向 IPv6 的过渡必定是一个循序渐进的过程。

3. 应用层协议

尽管 HTTP 是互联网中广泛应用的协议，但面对工程物联网领域中数量庞大的低配置、低网络带宽的小型设备，HTTP 的报文内容过于复杂。此外，受限于物联网终端的硬件配置，HTTP 实现一次完整的通信需要经历多次数据传输。频繁的 TCP 连接和断开不仅会消耗大量的网络资源和计算资源，同时服务端也难以主动向设备推送信息，实现对设备的控制。因此，HTTP 协议并不适用于低配置、低网络带宽，并且需要向设备推送信息的工程物联网场景。但在一些计算和硬件资源较丰富的物联网设备上，完全可以使用 HTTP 协议上传和下载数据。

（1）MQTT

为了满足低功耗、低网络带宽设备的通信需求，IBM 于 1999 年提出了一种"轻量级"协议——MQTT（Message Queuing Telemetry Transport）。MQTT 协议是运行在 TCP 协议栈上的应用层协议，使用发布/订阅模式实现通信，将消息的发送方和接收方解耦。MQTT 协议凭借其轻量化架构、简洁设计、开放标准和低实现门槛等，适合用来作为工程物联网的通信协议。

MQTT 协议的架构由发布方（Publisher）、代理（Broker）和订阅方（Subscriber）组成，如图 2-3 所示。发布方和订阅方都建立了到代理的 TCP 连接，发布方将消息发送到代理，订阅方告知代理想要订阅的内容，代理作为中间方负责将相应的信息转发给订阅方。当订阅方处于离线状态时，代理可以为其保存订阅的信息，当订阅方下一次连接到代理时，再将之前存储的信息发送到订阅方。

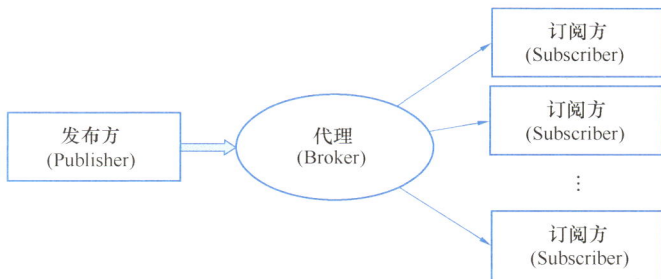

图 2-3　MQTT 协议通信模型

MQTT 最小的协议数报文仅有两个字节，因而很容易实现编码和解码操作，适用于低功耗应用场景。MQTT 协议具备非常完善的 QoS 机制，提供"至多一次""最少一次"和"仅有一次"三种信息传送模式。此外，MQTT 协议支持安全传输层（Transport Layer Security，TLS）协议，并且由于所有的协议数据都经过云传输和处理，因此可以更好地为网络环境不可靠的工程物联网设备提供通信保障。

（2）CoAP

CoAP 协议是一种弱化版的 HTTP 协议，采用 C/S 架构，设备是 Client（客户端），接收设备发送数据的是 Server（服务器）。CoAP 协议的消息设计非常紧凑，最小的数据包仅有 4 个字节，适用于资源受限的设备和网络。为了提高传输效率及增加组播特性，CoAP 协议建立在 UDP 协议之上，同时可以使用数据包传输层安全性（Datagram Transport Layer Security，DTLS）协议来保证 UDP 上数据传输的安全。

CoAP 协议的消息分为两种：一种是需要被确认的请求 CON（Confirmable Message），一种是无需被确认的请求 NON（Non-confirmable Message）。当 Server 处理完 CON 消息时，应向 Client 回复 ACK（应答消息），其中包含了与 CON 消息一样的 ID。如果 Server 无法处理 Client 的 CON 消息，Server 可以向 Client 回复 RST（复位消息），Client 收到后将不再等待 ACK。

类似于 HTTP 协议请求/应答的交互模式，CoAP 协议的请求包含 PUT、GET、POST 和 DELET 4 种请求指令和请求的 URL。如图 2-4 所示，展示了一个典型的 CoAP 协议的请求/应答模型。但 CoAP 协议的请求/应答模型一般用于请求频率较低的情况，否则请求响应模式将不堪重负。此外，CoAP 提供一种观察模式，Client 可以向 Server 请求"观察"一个对象，当这个对象的状态发生变化时，Server 将通知 Client 该对象的最新状态，类似于 MQTT 协议的订阅功能，可以对接入设备进行反控。尽管如此，经过网络地址转换，尤其是在 3G/4G 网络下，单纯依赖 CoAP 协议进行设备控制并不可靠。

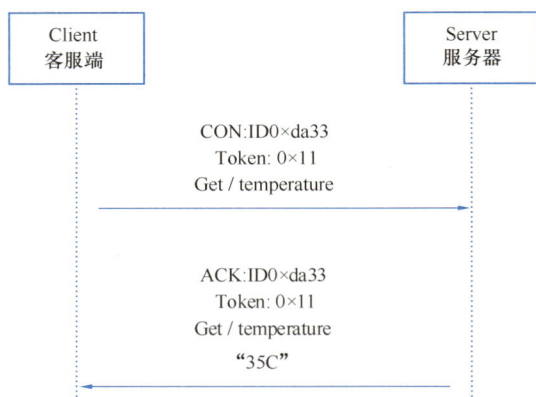

图 2-4　典型的 CoAP 协议的请求/应答模型

（3）MQTT 协议和 CoAP 协议比较

MQTT 协议和 CoAP 协议均被设计用于在计算资源和网络资源有限的环境下运行，但两种协议在传输方式等方面均存在一定不同，以下将从四个方面对 MQTT 协议和 CoAP 协议进行比较：

1）传输方式

MQTT 协议使用发布/订阅模型，是多对多的通信协议，多个客户端通过代理进行数据传输，可以实现实时数据通信；CoAP 协议采用请求/响应模型，是客户端与服务器之间传输数据的点对点通信协议。

2）数据限制

MQTT 不支持数据类型标记，数据通信必须得到所有客户端的同意；CoAP 内部允许内容协商和发现，设备之间可以相互窥测以进行数据交换。

3）休眠设置

MQTT 协议需要建立 TCP 长连接，连接后在固定时间间隔发送心跳包，保证设备保持连接状态；CoAP 协议不支持长连接，没有心跳包机制，无法及时接收消息。

4）应用场景

MQTT 协议可以实现实时数据通信，但对于一些使用电池供电的小型设备而言，需要考虑能耗问题；CoAP 协议在传输数据时需要先唤醒设备，更适用于采用唤醒休眠机制的设备。此外，MQTT 协议建立了一个用于反控的 TCP 连接，可以实现对设备的控制；CoAP 协议虽然支持观察模式，但更适用于仅需向上发布数据的终端设备。

2.2　工程物联网相关技术

2.2.1　感知层关键技术

感知层位于物联网层次结构的最底层，物联网通过感知层实现对整个物理世界的感知。感知层涉及的相关技术是物联网技术体系的基础，为感知物理世界提供最初的信息来源。工程物联网感知层涉及的技术众多，但本质都是信息采集。本节将通过自动识别技术、定位技术、特征识别技术和传感器技术对工程物联网感知层技术体系进行介绍。

1. Auto-ID 技术

Auto-ID 技术是一项集计算机技术、光电技术、通信技术和互联网技术于一体的综合技术体系，其核心包含标识生成与对象识别两大功能模块。当前主流的自动识别技术涵盖条形码识别、IC 卡识别、光学字符识别、生物特征识别以及 RFID 技术等。其中，条形码与 RFID 技术凭借其高效性能、小型化及经济性优势，已成为自动识别领域具有普适性的技术解决方案，以下将对这两项技术进行重点介绍：

（1）条形码识别技术

条形码是一种图形化的信息表示方法，分为一维条形码和二维条形码。其工作原理是：条形码扫描器发射光源，光源经过条形码反射后，将光电信号转化成电信号，最后根据编码规则通过译码器解读成相应信息。

一维条形码只在一个方向表达信息，将若干个宽度不等的黑条和白条按照一定的编码规则排列成平行线图案。由于负载信息容量有限，一维条形码仅能实现对物品的标识，不能描述物品的详细信息。因此，一种信息容量更大、更简便的自动识别技术——二维条形码应运而生。

二维条形码（亦称为二维码）将条形码信息储存空间从线性一维扩展到了平面二维，利用某种特定的几何图形按照一定规律在平面分布的、黑白相间的图形来记录数据符号的信息。二维码主要有线性堆叠式二维码和矩阵式二维码两种。线性堆叠式二维码可以看作由若干行一维条形码按特定规则堆叠而成的一种二维码。矩阵式二维码利用黑白像素点的分布情况来进行数据的存储和识读，"点"和"空"分别代表二进制的"1"和"0"，不同的排列顺序和布局代表不同的编码信息。相较于堆叠式二维码，矩阵式二维码识读能力和纠错能力更强、应用范围更广。QR Code（Quick Response Code）是目前应用最为广泛的矩阵式二维码。

相比一维条形码，二维码的信息容量和密度均有很大提升。一维条形码的信息容量仅有 20 个字符，而二维码的信息容纳量最高可超过 1800 个字符。相同印刷面积条件下，二维码的信息储存量是一维条形码的数十倍。二维码可以表示汉字、图像和声音等信息，任何可以转化成二进制"0"和"1"的信息，都可以利用二维码进行识读和存储。此外，二维码无需依赖预先建立的数据库和网络，就可以标识和描述物品信息。在识别准确性方面，二维码的译码准确率远高于一维条形码，错误率不到千万分之一。二维码还具有强大的纠错能力，即使局部被遮挡或损坏，其储存的信息依然能够通过存在于其他位置的纠错码完整还原出来。随着二维码应用的普及，它的生成成本也变得非常低廉。

由于以上诸多优势，二维码在商品销售、电子票务和物料管理等领域均获得了广泛应用。在工程物联网领域，由于成本低廉，二维码可以深入到工程的每一个方面。然而，二维码的信息容量依然很有限，基于光电识别技术也无法实现远距离识读。因此，当前二维码技术尚无法满足一些动态、大数据量以及有一定距离要求的工程物联网应用场景。

（2）RFID技术

RFID亦称为电子标签技术，是一种非接触式的自动识别技术。RFID利用射频信号通过空间耦合实现对物品信息的自动识别，并利用无线技术将采集到的数据远程进行传输。一个RFID系统由阅读器（Reader）和电子标签（Tag）两部分构成。RFID技术的一般工作流程如下：阅读器首先发射某一特定频率的电磁信号驱动电子标签，电子标签收到信号后将内部负载的信息回传给阅读器，阅读器读取信息并解码后，再与系统服务器进行对话以获取物品的相关信息。

电子标签由耦合元件、芯片（包括控制模块和存储单元）及微型天线组成。每个芯片内部存有一个唯一的电子编码，实现对目标对象的标识。附有电子标签的物品进入RFID阅读器扫描区域后，标签接收到阅读器发出的电磁信号，凭借感应电流能量发射出内部储存的编码信息（无源标签，Passive Tag），或者主动发射出某一频率的信号（有源标签或主动标签，Active Tag）。电子标签的工作频率就是射频识别系统的工作频率，它决定了系统的工作原理、识别距离和设备成本。高频RFID系统的读写区域范围更大，但相应的设备成本也更高。RFID技术具有诸多其他自动识别技术不具备的优势：

1）信息容量大

RFID的信息容纳量最高可达数兆字节，并且随着射频硬件技术的持续进步，标签所能承载的信息量也在不断提升。

2）识读能力强

RFID技术支持远距离识别和多标签识别，同时还可识别高速运动的物体。此外，RFID技术耐环境性高、穿透性强，在潮湿、烟雾等恶劣环境下仍可以正常工作。

3）电子标签小型化、多样化

由于RFID识读不受标签尺寸的影响，当前RFID的电子标签逐渐向微小化发展，从而可以更加灵活地嵌入到不同物品内。此外，电子标签有卡、纽扣等多种样式，以适应不同应用场景，且电子标签的使用寿命长、可重复使用。

4）支持数据信息实时通信及动态更新

在有效识别范围内，RFID技术能够对标签进行动态监控。此外，电子标签的编码可以依据需求进行增加、删除和改写，从而实现数据信息的动态更新。

（3）条形码识别技术和RFID技术的比较

二维码与RFID是当前自动识别技术领域中应用最为普遍的两种技术，二者在功能特点和适用场景方面各具优势。表2-1对二维码和RFID技术进行了详细对比。可以看出，RFID技术具有远距离识读、可重复使用、实时通信等二维码技术不具备的优势。但由于电子标签和设备成本较高、标准还未完善等原因，RFID技术的应用推广尚在进行当中。随着技术的发展成熟和成本的降低，未来RFID技术在工程物联网领域的应用数量将大幅增加。

二维码和 RFID 技术比较   表 2-1

对比事项	二维码	RFID
读取数量	一次仅能读取一个条码	可同时读取多个电子标签
识别时间	小于 4s	小于 0.5s
读取距离	50cm 以内	10m 以上
是否支持高速运动读取	否	是
是否支持反复读写	否	是
信息容量	较小	较大
读取能力	受潮湿、污染等环境影响大；仅能在近距离、无遮挡情况下工作	受外部环境影响很小；支持远距离读写，穿透力强
是否受形状、尺寸限制	是	否
安全性	不具备加密功能，安全性低	可加密数据，安全性高
寿命	较短	很长
成本	很低	较高

    在工程物联网领域，二维码与 RFID 技术互为补充，两者各有所长。例如，为了确保工程施工现场设备的正常运行及发现设备故障后及时修复，在重要设备上张贴二维码，巡检人员通过移动设备扫码即可填写相关检查内容，如图 2-5 所示。一旦设备发生故障，管理人员将第一时间收到信息，及时安排人员进行检修，从而提高设备管理、维护和修理的效率。此外，如图 2-6 所示，在安全帽内部安装与施工人员身份信息唯一对应的 RFID 电子标签，并在工程施工现场出入口安装 RFID 读卡器。当施工人员佩戴安全帽进出时，通过对安全帽内电子标签的识别，即可完成施工人员的自动化、智能化管理。

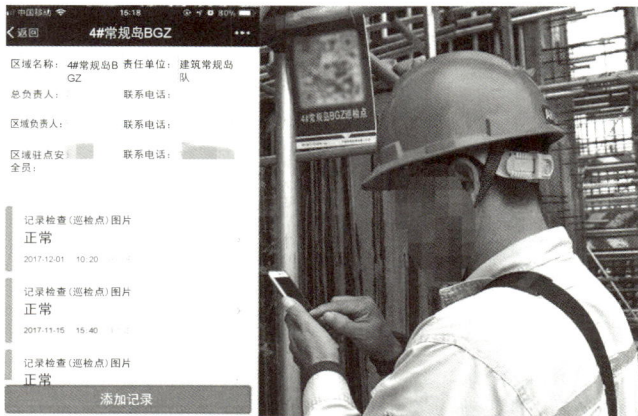

图 2-5   巡检人员扫码输入检查记录

2. 定位技术

    物联网感知层负责采集来自物理世界的多种信息，位置信息是其中一项关键的信息类型。位置信息是物联网很多应用的基础，利用传感器等设备采集到的信息内容在很多情况下必须带有位置信息才有意义。在物联网中，用于获取物体位置的技术统称为定位技术。如何利用定位技术更准确地获取位置信息，也是物联网的重要研究课题。本节将对工程物

图 2-6　基于 RFID 技术的施工人员自动化考勤

联网领域较多使用的定位技术进行介绍。

（1）卫星定位技术

卫星定位系统目前主要有美国的全球定位系统 GPS、欧洲的 Galileo、俄罗斯的 GLO-NASS 以及中国的北斗。以 GPS 为例，GPS 由空间部分、控制部分和用户设备三部分组成。空间部分主要由 21 颗正式运行卫星和 3 颗备用卫星构成，采用 6 轨道平面，每个平面有 4 颗卫星，用于三维空间定位。控制部分主要承担对 GPS 卫星系统的管理与调度，包括对有效载荷的监测、定位精度的保障以及卫星的运行维护等。用户设备则以 GPS 接收器为核心，用于接收来自 GPS 卫星的信号，实现定位功能。GPS 定位的基本原理是：每颗卫星不断地向外发送信息，其中包含信息发出的时刻和卫星在该时刻的坐标。GPS 接收机接收到信息，根据自身时钟记录下接收到信息的时刻，进而得到信息在空间传播的时间。结合信息传播的速度，当 GPS 接收机能同时接收到三颗以上的卫星信号时，就可以计算出 GPS 接收机的三维坐标。

GPS 因其覆盖范围广、测量自动化程度高等优点得到了广泛的应用，但是 GPS 的定位精度受时钟精度、天气状况等影响较大。当终端处于室内时，很难接收到卫星信号，因此 GPS 定位一般只适用于室外应用场景。此外，室外开阔环境下，GPS 的定位精度一般在米级，无法满足一些对定位精度要求较高的工程应用场景。

值得一提的是，我国的北斗三号全球卫星导航系统于 2020 年正式开通，在全球范围内提供全天候的定位、导航和授时服务。此外，北斗地基增强系统工程建设工作已于 2014 年启动，截至 2018 年已经在全国建立了超过 1800 个地基增强站，已具备向用户提供广域覆盖下实时定位服务的能力，精度范围可达米级、分米级、厘米级，并可以通过后处理技术进一步实现毫米级的高精度定位。预计在铁路、公路、桥梁等工程领域，越来越多的终端设备将使用北斗高精度定位服务。

GPS 和北斗卫星导航系统在工程物联网领域的应用主要包括：实时追踪施工设备的位置，以监控设备在工程施工现场的活动路径以及设备到达和离开现场的时间；追踪建筑材料和构件的位置，结合构件安装时间，分析优化施工流程。

（2）Wi-Fi 定位技术

由于电磁屏蔽效应，GPS、北斗等卫星定位系统不适用于室内、地下等信号无法覆盖的环境。目前，常用的室内定位技术有蓝牙、Wi-Fi 和 UWB 等。Wi-Fi 定位技术的工作原理是：根据终端接收到的信号源的信号强度，再利用已知的 Wi-Fi 接入点的位置信息，通过定位算法求得位置信息。Wi-Fi 定位技术定位速度快，定位时间短，首次定位时延在 2s 以内，远小于 GPS。此外，信号源节点越多，定位越准确，因此可以通过提高 Wi-Fi 接入点的密度来提高定位精度。

（3）计算机视觉定位技术

计算机视觉作为 AI 的一个重要分支，已被广泛应用于图像分类、目标跟踪等众多领域。计算机视觉定位技术从图像、视频中获取信息，实现目标对象的精准定位。计算机视觉系统通过图像摄取装置，将被摄取目标转换成图像信号传送给图像处理系统，图像处理系统再根据像素分布、亮度、颜色等信息，通过运算提取目标对象的特征，获取其三维坐标。

在工程物联网领域，基于视觉的定位技术可以用于建筑施工、质量管理和运营管理。比如，通过计算机视觉技术识别钢构件焊缝的实际位置、缝隙大小和性质等，能够有效提高施工过程中钢构件焊接的准确性及焊接质量；利用计算机视觉采集工程施工现场照片，进而为现场划分安全等级。如图 2-7 所示，基于计算机视觉的安全帽及危险区域自动识别，充分实现施工现场的智能化和自动化管理。此外，通过实时监测材料机械和人员等位置，优化设备的布置，提升现场作业效率。

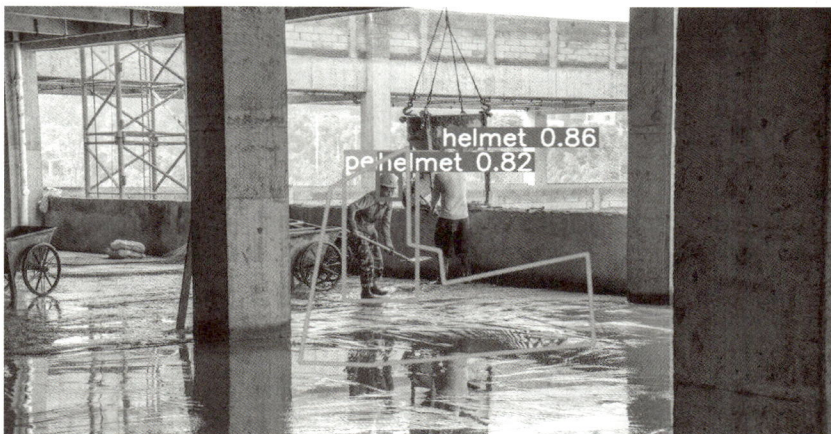

图 2-7　基于计算机视觉的安全帽及危险区域自动识别

3. 特征识别技术

物联网不仅需要感知和识别物体，还需要感知和识别"人"，即身份识别。密码和磁卡等传统的身份识别方法易被窃取和伪造，无法满足当前社会发展的需求。随着计算机技术和图像处理技术的快速发展，基于生物特征的电子身份识别技术迅速发展。基于生物特征的身份识别技术由于其便捷、安全性高等优点，已成为目前身份识别的主要手段之一，在国防、安全、金融等领域均发挥了重要作用，未来在工程物联网的身份认证、安全等方面也有着广阔的应用前景。

生物特征识别技术是利用人的生物特征进行身份验证的一种技术，其工作原理是基于人的生物特征的唯一性。人的生物特征包括声音、指纹、面部、视网膜等生理特征，以及签字、按键力度等行为特征。生物识别系统的识别过程主要包括：采集、解码、比对和匹配。生物图像采集首先利用光学设备（如扫描仪、摄像机）、传感芯片等获取生物特征；随后，使用高性能的数字信号处理器对所采集的信息进行数字化处理并存储于计算机中；最后利用先进可靠的算法实现比对和匹配。

生物特征识别技术的研究始于指纹识别，指纹识别也是目前技术最成熟、应用最广泛的生物特征识别技术。指纹识别技术利用人指纹的唯一性和不变性特点，将采集的指纹图像输入处理器，经过图像处理和识别算法实现指纹的特征提取，最后与数据库中的特征值进行对照完成身份识别。目前，指纹识别已广泛应用于指纹门禁、指纹考勤等多个方面。

面部识别，又称为人脸识别，利用计算机图像处理技术从图像、视频中提取面部特征，再结合生物统计学原理建立的数学模型，通过区域特征分析算法进行身份识别。面部识别一般分为基于标准视频的识别和基于热成像技术的识别两类。基于标准视频的识别通过标准摄像头拍摄面部图像/视频，然后将其转化成数字信号进行身份识别。基于热成像技术的识别通过分析面部毛细血管的血液产生的热辐射来生成面部图像，因此热成像技术不受光源条件限制，即便在黑暗环境下仍然可以正常使用。面部识别的主要优势在于其识别速度快和不易被被测个体察觉，如图 2-8 所示，基于人脸识别的人员考勤与流动人员管理系统，既提升了工地管理效率，也解决了工地人员流动安全问题，帮助建筑工地实现实名制管理。近几年，国内外学者们也开始着力研究基于生理特征和行为特征的复合生物识别技术，旨在服务于需要高等级安全保护的场合。

图 2-8　基于人脸识别的人员考勤与流动人员管理系统

4. 传感器技术

传感器是物联网感知物理世界的"感觉器官"，可以感知、探测、采集和获取物理世界中物体的各种形态信息。传感器是将物理世界中的物理量、化学量、生物量（如位移、速度、温度等）按照一定规律转换成可输出信号（如电压、电流等）的器件或装置，由敏感元件和转换元件组成，如图 2-9 所示。敏感元件负责直接感受被测非电学量，并输出与被测量有对应关系的、转换元件可接受的其他物理量；转换元件将敏感元件的输出量转换成便于传输或测量的电信号。由于转换元件输出的电信号一般比较微弱，传感器一般还配有测量电路将转换元件输出的信号进行放大和补偿，以便后续电路实现显示、记录、处理和控制等功能。辅助电源是为敏感元件、转换元件和测量电路供电的可选模块。随着集成技术的发展，敏感元件、转换元件、测量电路和辅助电源可以集成在同一张芯片上。

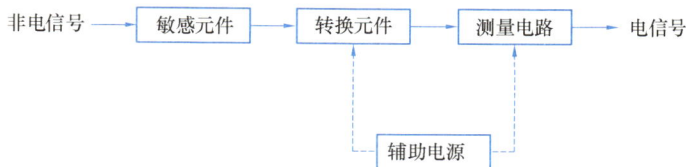

图 2-9　传感器的构成

传感器的类型多样，按照测量方式可以分为接触式和非接触式两大类；按照输出信号类型可以分为模拟式传感器和数字式传感器；按照工作原理可以分为电阻、电容、电感、电压、磁电、光电、热电、光纤等传感器。随着生物科学、信息科学和材料科学的发展，传感器逐渐向集成化、智能化和网络化方向发展。

综上所述，感知层在设备的低功耗、边缘计算和无线能量与信号同步传输等方面有巨大的研究前景。

2.2.2　网络层关键技术

物联网的网络层将感知层采集的数据信息，通过各种具体形式的网络，实现信息的传递、路由和控制等功能。网络层涉及的相关技术是物联网技术体系的主体，必须能够满足不同数据对速率、功耗、安全等方面的要求，从而支撑物联网多样化的应用场景。本节将对工程物联网网络层的相关技术进行介绍。

1. 无线传感网（Wireless Sensor Network，WSN）

物联网网络层包括有线、无线、卫星、互联网等多种数据网络。无线网络又分为移动网络和 WSN，其中移动网络的终端是快速移动的，而 WSN 的节点是静止或低速移动的。随着蓝牙、ZigBee 等各种短距离、低功耗无线通信技术的快速发展，WSN 逐步得到推广和应用。WSN 是由在给定局部区域内随机分布的节点，通过自组织和多跳的方式构成的无线网络，目的是探测、处理和传输网络覆盖区域内目标对象的信息。

WSN 通常包括传感器节点（Sensor Node）、汇聚节点（Sink Node）和管理节点（Manager Node）。传感器节点随机分布在指定区域内，节点采集的数据沿着其他传感器节点经过多跳后路由到汇聚节点，再通过互联网或卫星传送至管理节点。传感器节点由传感器模块、处理器模块、通信模块和能量供应模块 4 部分组成。传感器节点是一个具有处理、存储和通信功能的嵌入式微型系统，兼具传统网络终端功能和路由功能，不但要对本地信息进行收集和数据处理，还需存储、管理和转发其他节点的数据。汇聚节点是处理、存储和通信能力都更强大的传感器节点，可以实现传感器网络与外部管理网络间的通信，而管理节点则负责对传感器网络进行配置和管理。

WSN 系统的技术体系涉及多学科交叉，时间同步、定位技术、数据融合和能量管理等众多技术协同工作才可以保证 WSN 系统的正常运行。WSN 中每个传感器节点都有自已的本地时钟，时间同步技术负责保障网络节点之间的本地时钟同步，从而使各个传感器节点可以协同工作。此外，WSN 的一些节能方案也需要基于时间同步实现，如节点的休眠与唤醒机制。由于传感器节点是随机分布的，因而无法预先获得其位置。定位技术利用少量节点通过卫星定位等方式获取的自身位置信息，再通过定位算法确定网络中其他节点的位置，进而建立节点间的空间关系。在 WSN 中，如果各传感器节点分别单独地将采集到的数据传送到汇聚节点，不但会浪费通信能力和带宽，也会降低信息收集的效率。因此，本地节点在收集信息的过程中需要进行数据融合，从而减少冗余信息、提升数据准确性以及节约能量。由于 WSN 中传感器大多依靠自身电池或太阳能进行供电，能量十分有限。能量管理通过减少单跳通信距离、使用休眠机制等手段减少能源消耗，延长电池寿命。

相较于有线传感器网络，WSN 的传感器节点安装位置不受限制，更适用于环境恶劣、无人看守等情况。由于无需布线，大大降低了 WSN 系统的成本，同时提升了安装和维护的便捷性。WSN 主要有以下特征：

（1）网络规模大

WSN 系统由微型传感器节点组成，既可以在很大的地理区域内部署大量节点，也可以在较小空间内部署密集节点。

（2）自组织网络

传感器节点具备自我配置与管理功能，能够借助拓扑控制机制和网络协议，自动构建起多跳式的无线网络系统。

（3）动态拓扑结构

WSN 系统具备自修复性，针对环境变化、传感器节点失效、通信链路中断等引起的网络拓扑结构变化，可自动重新配置系统。

（4）资源受限

传感器节点一般采用电池供电，考虑到节能的需求，通信半径一般较小，因而在能量、通信、计算和存储等方面的能力都非常有限。

2. ZigBee 技术

ZigBee 是一种低功耗的无线通信技术，主要用于短距离、低数据传输速率的传感器之间的无线通信。ZigBee 采用直接序列扩频（Direct Sequence Spread Spectrum，DSSS）技术，由物理层、MAC 层、网络层和应用层组成。IEEE 802.15.4 定义了物理层和 MAC 层标准，网络层和应用层标准由 ZigBee 联盟制定。

ZigBee 支持全功能设备（Full Function Device，FFD）和精简功能设备（Reduced Function Device，RFD）两种通信设备类型。相较于 RFD，FFD 的功能更强大，既可以作为协调器也可以作为路由器，同时支持所有 ZigBee 网络拓扑结构。此外，FFD 之间以及 FFD 和 RFD 之间均可以通信，而 RFD 只能与 FFD 通信。

ZigBee 主要有星型、簇状和网状三种网络拓扑结构，如图 2-10 所示。网络协调器主要负责网络建立、网络节点管理、数据包转发、网络地址分配以及链路状态信息管理等，通常一个网络只设置一个协调器。星型拓扑由一个协调器和一个或多个终端设备构成，以协调器为中心，所有设备都与协调器直接通信，比较适合距离较近、小范围的应用。簇状拓扑通过指定路由器为簇首构建多簇网络，从而扩大网络节点数和网络覆盖范围。与前两

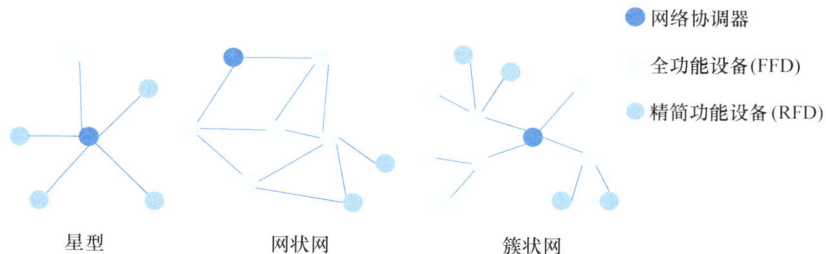

- 网络协调器
- 全功能设备(FFD)
- 精简功能设备(RFD)

星型　　　　　　　网状网　　　　　　簇状网

图 2-10　ZigBee 网络拓扑结构

种网络结构不同，网状拓扑允许通过多跳的方式进行通信，数据可以多路径传输，保证了数据传输的可靠性，同时网络也具有自组织和自愈功能。网状拓扑结构可以构造复杂的网络拓扑以适应终端设备分布范围较广的应用，但相应地构建起来也比较困难。综上所述，ZigBee 网络拓扑结构的选择要根据网络搭建成本、可靠性、网络维护难度以及应用场景等因素综合确定。

相比于 Wi-Fi 和蓝牙这两种应用广泛的短距离无线通信技术，ZigBee 的主要技术特点是短距离、低速率、低功耗和低成本。ZigBee 设备的发射功率很小，相邻两个节点间的通信距离一般为 10～100m。但是，通过建立设备的多跳通信链路，利用节点间接续通信可以增大通信距离。ZigBee 的最大数据传输速率为 250Kbps，功耗仅为 5mA，因而更适用于低功耗且对数据实时性要求不高的应用场景。此外，ZigBee 通过大幅精简协议设计，降低了对通信控制器的性能需求，仅需配备 8 位微处理器和较小容量的存储器即可运行，从而降低了器件成本。ZigBee 与 Wi-Fi 和蓝牙无线通信技术的对比见表 2-2。

短距离无线通信技术比较　　　　　　　　　　表 2-2

对比事项	ZigBee	蓝牙	Wi-Fi
使用频段	2.4GHz/915MHz/868MHz	2.4GHz	2.4GHz
最大传输速率	250Kbps	1Mbps	1Mbps
功耗	低	中	高
复杂度	简单	中等	复杂
覆盖距离	10～100m	10m	100m
网络节点数	254	8	50
成本	低	中	高

ZigBee 可以工作在多个免授权频段上，包括全球免授权的 2.4GHz、美国的 915MHz 和欧洲的 868MHz，相应的原始数据传输速率分别为 250Kbps、10Kbps 和 100Kbps。ZigBee 还具有低时延的优势，节点连接进入网络仅需 30ms，从休眠状态到被激活仅需 15ms。ZigBee 每个主节点可管理 254 个子节点，一个网络区域内最多可容纳 65000 个节点。

ZigBee 提供了基于循环冗余校验的数据完整性检查功能，并在数据传输中采用 AES-

128 加密算法对通信加密，以提供安全可靠的无线通信方案。此外，ZigBee 在物理层和通信协议上的可靠设计，保证了较强的抗干扰能力和通信可靠性，MAC 层还采用完全确认和自动重传等数据传输机制以保证数据传输的稳定性和可靠性。通过采用 IEEE 802.15.4 定义的载波监听多路访问/冲突避免（CSMA/CA）协议，避免了数据发送的碰撞和冲突，降低了干扰其他用户的可能性。此外，ZigBee 网络具有自组织功能，网络节点能够自动感知其他节点的存在并建立链接，组成结构化网络。当网络中节点位置发生变动或节点发生故障时，ZigBee 可以通过自动调整网络拓扑结构进行自修复，保证系统正常工作。

目前，ZigBee 已广泛应用于物联网产业链中的 M2M 行业，如智能电网、智能交通、智能家居等领域。在工程物联网领域，由于 ZigBee 技术具有通信范围广、网络容量大等优势，边坡监测等监测范围大且监测点数量多的监测应用多选择 ZigBee 网络组网实现传感器节点自动采集和存储数据。利用 ZigBee 网络的自适应性，可以根据监测需要任意添加设备。

3. 移动通信 5G 技术

目前物联网应用中，设备大多通过 Wi-Fi、ZigBee 接入网络。因此，当连接设备数量过多或传输数据量过大时，会因容量和数据处理能力不足而出现网络堵塞与延时现象，第五代（5G）移动通信技术的出现很好地解决了上述问题。

移动通信技术在近几十年得到了飞速发展，第一代（1G）移动通信技术主要使用 FM 调频技术传输模拟信号。随着集成电路的发展，移动通信技术迎来了一次质的飞跃，第二代（2G）移动通信技术用数字信号代替模拟信号，提升了通信的抗干扰性能。随后，第三代（3G）移动通信技术和第四代（4G）移动通信技术在 2G 移动通信的基础上进一步提升了网络传输速度。但是，当前 4G 移动通信技术已经难以满足互联网技术发展和规模扩大的需求。

5G 作为全球范围内移动通信技术的第五代阶段，是在 4G 技术基础上的优化和延伸。随着物联网产业的快速发展，其对网络速率、网络时延等方面均提出了更高的要求。相比于 4G 移动通信技术，5G 技术在速率、容量和稳定性等方面大幅提升的同时，显著降低了能耗和时延。5G 系统支持每平方千米超百万个设备的连接，理论峰值传输速率和用户体验速率分别能够达到 $10\sim20$Gb/s 和 1Gb/s。5G 系统的理想时延低至 1ms，基本达到了准实时的水平。系统最高可以支持每小时 500km 移动场景下的用户通信，移动设备可以随时随地接入网络进行快速、大量的信息交换。此外，5G 技术具有更高的稳定性和加密性，而且兼容性较好，可与无线网络、蓝牙等连接。4G 和 5G 的 8 大关键能力指标对比见表 2-3。

4G 和 5G 的关键能力指标对比 表 2-3

对比事项	流量密度 Tbps/km²	连接数 万/km²	时延 /ms	移动性 km/h	峰值速率 Gb/s	用户体验速率	能耗效率	频谱效率
4G	0.1	10	10	350	1	10Mb/s	1 倍	1 倍
5G	10	100	1	500	20	$0.1\sim1$Gb/s	100 倍	$3\sim5$ 倍

5G 技术之所以能够达到以上这些能力指标，在于其采用了包括大规模天线阵列、超密集组网、新型多址、高频段传输和新型网络架构等一系列技术。大规模天线阵列在传统

多天线技术的基础上将天线数量增加若干倍，利用波束成形的原理将辐射能量聚集到空间内的一个很小区域，从而大幅提升辐射能量效率。此外，基站通过空分多址技术同时服务若干个同频终端而不互相产生干扰，大大提高了频谱利用率。大规模天线阵列对 5G 系统容量、数据传输稳定性等方面起到重要的支撑作用。异构超密集组网通过增加基站部署密度扩大无线网络覆盖范围，进而提高系统的吞吐量和通信质量，是保证 5G 千倍容量增长的主要手段。在异构网络中，设备可根据实际场景选择多种无线接入方式。新型多址技术是非正交多址接入技术，通过发送信号的叠加传输来提升系统的接入能力，可以提升系统频谱效率并降低系统时延。国内三大通信企业分别提出了各自的解决方案：华为的稀疏码分多址接入（Sparse Code Multiple Access，SCMA）、大唐的图样分割多址接入（Pattern Division Multiple Access，PDMA）以及中兴的多用户共享接入（Multi-User Shared Access，MUSA）。此外，高频段具有传播方向性强、抗干扰性好、安全性高、频率复用性高等众多优势。新型网络架构基于软件定义网络、网络功能虚拟化、边缘计算和云计算等技术，建立智能、高效的虚拟网络架构，以满足不同场景和业务的需求。不同于传统移动通信网络所采用的单一运行模式和网络架构，新型网络架构将网络分割成多个相互独立的切片，以实现不同业务和网络间的高效资源共享。

对于工程物联网领域，5G 技术每平方千米超百万个连接的支持能力，使得海量设备信息互联互通成为可能。借助 5G 技术低延时、高可靠的特点，可以及时掌握并反馈工程施工现场情况，实现对现场的实时监测与控制，从而提高生产效率和安全性。例如，如图 2-11所示，通过 5G＋建筑信息模型（Building Information Modeling，BIM）＋增强现实（Augmented Reality，AR）技术全方位全时段记录现场情况。将 BIM 模型多角度、多位置定位到现场，进行实时 1∶1 投射，实现远程比对工程进度及成果，保证施工的"模实一致"，同时直观掌握项目建成效果及计划进展，以 5G 赋能项目精细化管控。此外，5G 技术也推动了数字孪生、云计算等技术与工程物联网的结合。例如，当用户端不具备大量计算资源时，将计算任务搬到云端，通过 5G 技术保障计算便捷条件与计算结果的高效传递，从而实现实时监测与控制。

图 2-11　基于 5G＋BIM＋AR 技术的工程进度管理

4. 时间敏感网络（Time Sensitive Network，TSN）

无论是物联网领域，还是 5G 通信，都对时间同步的要求越来越高。为了实现数据的实时传输，近年来研究人员提出了众多时间同步技术，包括网络时间协议（Network Time Protocol，NTP）、GPS 授时、IEEE1588 协议等。

进入 21 世纪以后，随着以太网的普及，IEEE 于 2006 年成立了音/视频桥接（Audio Video Bridging，AVB）工作组。在确保与以太网兼容的前提下，AVB 工作组制定了一系列基于以太网架构的音/视频传输协议集（包括带宽保持、限制延时和精确时钟同步），提供了高质量、低延时、时间同步的音/视频局域网解决方案。随着物联网时代的到来，对更为强大的互联互通和高质量传输能力的需求迅速增长。AVB 工作组于 2012 年更名为 TSN 工作组，TSN 工作组在已有技术的基础上综合多个应用领域对时间敏感通信的需求，开发了一套数据链路层协议标准。TSN 在传统以太网架构基础上，融合了时钟同步、流量调度和网络配置等关键机制，使其能够为时间敏感型数据提供低延迟、低时延波动及低丢包率的可靠通信支持。

（1）TSN 技术标准

TSN 由一系列技术标准构成，主要可以分为时间同步、调度延时、可靠性以及资源管理等类别，如图 2-12 所示。

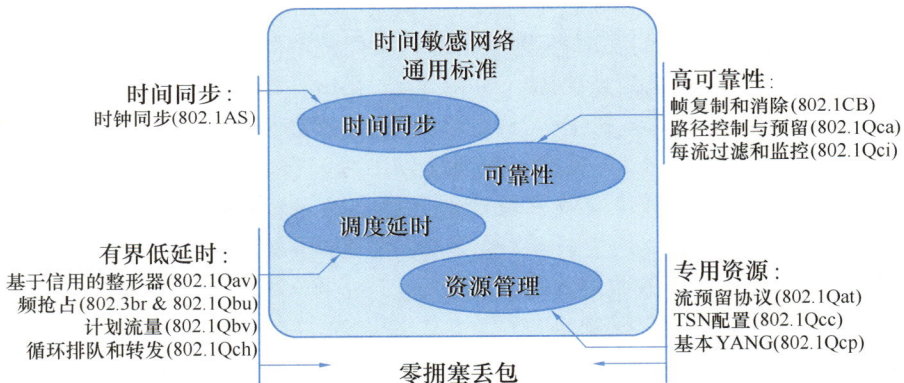

图 2-12   TSN 协议

1）时间同步

TSN 首先要解决网络中的时间同步问题，以确保整个网络的任务调度具有高度一致性，因此时间同步是 TSN 的基础。IEEE 802.1AS 在 IEEE 1588-2008 精确时间协议（Precision Time Protocol，PTP）的基础上进行扩展，称为广义精确时间协议（general PTP，gPTP），规定了 TSN 整个网络的时钟同步机制。

gPTP 是一个分布式主从结构，由最佳主时钟算法（Best Master Clock Algorithm，BMCA）选出全局主节点（Grand Master），负责提供时钟信息给其他从节点。gPTP 节点首先将自身时钟属性以及接口信息放入报文中，并发送给域内所有节点。随后，gPTP 节点比较自身与接收到的时钟属性，将优先级高的 gPTP 节点自动变为 Grand Master。为了实现节点本地时钟与 Grand Master 时钟同步，需要考虑时钟频率误差、链路延迟以及驻留时间三个因素。gPTP 从节点的本地时钟频率与 Grand Master 的主时钟频率很有可能是不同的，而且各 PTP 从节点之间时钟频率也通常存在误差。IEEE 802.1AS 为了消除这种时钟频率误差，采用累积计算相邻节点时钟频率比值的方式将本地时钟基准换算成 Grand Master 时钟基准。针对 gPTP 节点间的链路延迟，IEEE 802.1AS 假设链路具有对称性，采用 P2P（Peer-to-Peer）测量机制计算得到域中每一段链路延迟。在进行同步过程中，gPTP Relay Instance 将从 Grand Master 开始的链路延迟累积记录在 Follow_Up 报文中的 correction Field 再转发出去。驻留时间指 gPTP Relay Instance 将接收到的报文转发出去所用的时间，即报文停留在 Relay 中的时间。IEEE 802.1AS 在转发的 Follow_Up 报文中的 correction Field 记录这一驻留时间，其他 gPTP 节点收到该报文，即可以据此准确计算出时间偏移量。

IEEE 802.1AS 确定主节点后，Grand Master 周期发送 Sync 和 Follow_Up 报文提供主时钟基准。随后，各个 gPTP 节点通过 Signaling 报文协商计算相邻节点时钟频率比值的间隔以及链路延迟间隔等信息。最后，各 gPTP 从节点基于已有的相邻节点时钟频率比值、链路延迟以及接收到的 Sync 和 Follow_Up 报文，利用 Follow_Up 报文中 correction Field 信息进行修正，得到主时钟当前时刻从而完成时间同步。在最大 7 跳的网络环境中，gPTP 理论上能够保证时钟同步误差在 $1\mu s$ 以内。

IEEE 802.1AS-rev 是 IEEE 802.1AS 的修订版，它是一种多主时钟体系，且对于网络的时钟同步精度要求更高。IEEE 802.1AS-rev 支持 Wi-Fi 等新的连接类型，并增加了在多个时域进行时间同步的功能和冗余路径支持能力。当有一个 Grand Master 发生故障时，IEEE 802.1AS-rev 可确保快速切换到一个新的主时钟。

2）调度延时及流量控制

在传统以太网中，数据流的通信延时具有不确定性。这种不确定性使数据接收端通常需要预置大缓冲区来缓冲输出，从而导致数据流缺失实时性。TSN 既要保证时间敏感数据流的到达，同时又要保证数据流的低时延传输。因此，根据不同低延时应用场景需求，TSN 提出多种不同整形器，通过引入新的网络调度和整形方法以保证对数据流传输的时间要求。

作为对于传统以太网排队转发机制的增强标准，IEEE 802.1Qav 采用基于信用的整形器（Credit-Based Shaper，CBS）定义时间敏感流转发与排队的数据敏感性转发机制。由于 IEEE 802.1Qav 保证的通信延时难以满足当前一些低延时应用场景的需求，为了获得更好的 QoS，TSN 工作组进一步开发了 IEEE 802.1Qbv 时间感知整形器（time-aware shaper，TAS）、IEEE 802.1Qbu 抢占式 MAC 等机制。

TAS 是一种专为更细时间粒度和更高实时性要求的控制类应用设计的调度机制，目前已在工业自动化领域得到广泛部署与应用。IEEE 802.1Qbv 基于预先设定的周期性门控制列表（Gate Control List，GCL），动态控制出口队列的开/关时间窗口，从而实现 TAS 功能。GCL 通过灵活配置来实现不同延时需求的调度规则集合，进而实现传输时延的确定性和带宽的稳定性。此外，为了确保每个时间片的报文都能传输完成，IEEE 802.1Qbv 设置了一个保护带宽（Guard Band），长度最大可配置为一个标准以太网帧传输长度。因此，即使前面有一个标准以太网帧正在传输，GCL 在重启下一个周期前仍可保证网络不被占用。

为了利用 Guard Band 的延时损耗，TSN 设计并引入了 IEEE 802.1Qbu 抢占式 MAC

机制。在每个交换机端口，IEEE 802.1Qbu 根据优先级将数据帧分为可被抢占帧和快速帧。在信息传输过程中，高优先级的帧可以对低优先级未传输完成的帧进行抢占发送，从而最大限度地降低高优先级信息流的传输延迟。快速帧必须等待可被抢占帧传输完最小可被抢占帧长度后才能进行抢占发送，快速帧发送完成后再对被抢占帧未发送完成的部分进行重新发送。通过抢占，Guard Band 长度可以减少至最短低优先级帧片段。在保证链路延时和带宽相对确定的情况下，IEEE 802.1Qbu 和 IEEE 802.1Qbv 的同时使用进一步降低了对高实时报文的传输延时。

3）可靠性

对于 TSN，在时间同步、调度延时之后，就需要考虑网络的可靠性问题。IEEE 802.1CB 通过交换机硬件的报文复制功能实现发送端数据帧在交换机指定转发端口处的复制，并通过不同交换机传输路径发送至最终目的节点所在的交换机连接端口。随后，在该交换机端口，IEEE 802.1CB 通过交换机硬件对特定协议复制帧进行重复消除。利用网络拓扑中的冗余路径，IEEE 802.1CB 在不增加由于收发数据产生的额外负载的情况下，实现传输链路中实时可靠的数据备份。相较于传统的通信错误恢复机制，IEEE 802.1CB 能够在正常通信链路发生错误时，利用在冗余路径中的实时数据保证通信不间断（延时一般在 $10 \mu s$ 左右），适用于高实时、高可靠性的工程应用场景。IEEE 802.1Qca 为数据流提供显式路径控制以及带宽和流预留，IEEE 802.1CB 则依赖于 IEEE 802.1Qca 在从发送方到接收方网络中的不相交路径上传送消息。

IEEE 802.1Qci 对每个数据流采取过滤和控制策略，以确保输入流量符合规范，从而避免由故障或恶意攻击引起的异常流量问题，由此提升整体网络的安全性。流过滤器首先根据流标识和优先级信息，识别流量是否遵循该过滤器；若由该过滤器控制，根据对应的门控决定是否允许流量流入；若允许流入，则由流量计中的参数判断是否超出限额，若超出限额，根据配置决定采用限流还是阻断策略。IEEE 802.1CB 与 IEEE 802.1Qca 和 IEEE 802.1Qci 相结合，在数据包传输中提供最佳 QoS。

4）资源管理

面向时间敏感网络应用，TSN 需要对发送端、接收端和网络中的交换机进行高效配置，以获得节点的带宽、数据负载、时钟等信息，并汇集到中央节点进行统一调度实现最优传输效率。IEEE 802.1Qcc 是目前普遍接受的配置标准，分为全集中式配置（Centralized User Configuration，CUC）、混合式配置以及全分布式配置三种。对于完全集中式网络，由一或多个 CUC 和一个集中网络配置（Centralized Network Configuration，CNC）构成。CUC 节点通过标准 API 与 CNC 进行通信，负责识别终端节点及其用户需求，并协助完成 TSN 终端节点的配置与优化。IEEE 802.1Qcc 仍然支持原有流预留协议的全分布式配置模式，该模式下网络以完全分布式的方式配置，没有集中的网络配置实体。此外，IEEE 802.1Qcc 支持混合配置模式，该配置管理机制与 IEEE 802.1Qca 路径控制与预留，以及 TSN 整形器相结合，可以实现端到端传输的零堵塞损失。

（2）TSN 优势及未来发展方向

TSN 能够提供 μs 级确定性服务，同时可以达到 $10 \mu s$ 级的周期传输，性能优于主流的工业以太网，非常适用于有低延迟和高确定性需求的应用场景，如音/视频传输和自动驾驶。TSN 的 gPTP 可以保证流媒体播放、传感器数据融合以及控制指令发布的时间同步性。对于丢帧或误传容错率低的安全相关类数据，TSN 通过复制发送和冗余路径实现高可靠性数据传输。

随着信息技术（Information Technology，IT）与运营技术（Operational Technology，OT）的融合创新，以及物联网的快速发展，迫切需要统一的网络架构。TSN 能够帮助实现 IT 与 OT 的融合，统一的网络也极大地减少了开发部署成本。此外，TSN 通过其调度机制能够实现周期性和非周期性数据在同一网络中传输，进一步简化了整个通信网络的复杂度，现已成为工业场景下基础网络的首选。

2.2.3　应用层关键技术

物联网的应用层作为物联网终端数据的集合点，不仅包括对源自感知层数据的存储、处理和分析，而且包括基于感知信息的决策和控制。应用层是物联网与行业专业技术的深度融合，根据行业需求提供特定服务，从而形成基于行业的垂直应用。应用层涉及的关键技术可以分为应用设计、应用支撑和终端设计三类。本节重点介绍应用支撑子类中的云计算和边缘计算技术。

1. 云计算

云计算（Cloud Computing）是分布式计算的一种，旨在解决大规模数据计算处理问题。云计算在计算资源处理中的高效、动态及可扩展性，使其成为支撑物联网的高效工具与重要计算环境。通过这项技术，可以在很短时间内完成数以万计数据的计算处理，从而使物联网中物理实体的实时动态管理、智能分析及决策控制更易实现。《全球及中国公有云服务市场（2020 年）跟踪》报告显示，2020 年以 IaaS、PaaS 和 SaaS 为代表的全球公有云市场规模达到 3124 亿美元，同比增长 24.1%。目前，云计算在我国呈现高速增长趋势，根据中国互联网协会数据显示，2020 年我国云计算市场规模已达到 1781 亿元，增速为 33.6%。

"云"狭义上是一种提供资源的网络，互联网中成千上万台计算机和服务器连接到能进行存储、计算的数据中心形成"云"。用户利用终端通过互联网接入到数据中心，随时获取和使用"云"上的资源，并按使用资源量付费。从广义上来说，云计算通过软件实现对大量计算资源的集中整合与自动化管理。计算能力作为一种在互联网上流通的商品，仅需少数人参与就能将计算资源快速提供给用户。云计算的核心是以互联网为中心将计算资源协调在一起，用户通过网络就可以获取庞大的计算资源，且不受时间和空间限制。虚拟化是云计算所依托的基础架构。虚拟化突破了时间和空间的壁垒，将物理资源抽象为逻辑上可以管理的资源，从而极大地提高资源的利用率、简化系统的管理，实现资源的自动化分配和服务器整合。

与传统的网络应用模式相比，云计算具有如下优势与特点：

（1）弹性及可扩展性

云计算具备弹性扩容能力，以应对算力需求的增长或减少。一旦用户的业务需求改变，云计算服务提供商允许无缝地扩展和收缩云计算资源。同时，可供应的物理或虚拟资源是无限的，资源的供应商仅受服务协议的限制。

（2）安全可靠

云计算提供最为可靠、安全的数据存储中心，并通过严格的权限管理策略进行数据共享，避免了用户将数据存放在个人电脑上可能产生的数据丢失、数据泄露等问题。此外，一旦发生服务器故障，动态扩展功能将会部署新的服务器进行计算。

（3）方便快捷、灵活性高

云计算平台能够根据用户的需求快速配备计算能力及资源，用户仅需利用浏览器就可以快捷地使用云计算提供的各种服务。

（4）经济性

资源放在云系统虚拟资源池中统一管理优化了物理资源，用户可以花费较低廉的架构成本就能获得相对优越的数据计算和存储性能。

云计算服务模型通常分为三个层次：基础架构即服务（IaaS）、平台即服务（PaaS）和软件即服务（SaaS）。基础架构即服务作为基础层，主要负责提供计算、存储等基础资源服务，其核心支撑技术是虚拟化和自动化。平台即服务位于中间层提供组件开发和软件平台两种能力，其中基于云的软件开发、测试及运行技术和大规模分布式应用运行环境是其关键。软件即服务位于最顶层，涉及应用多租户、应用虚拟化等核心技术。基于云计算服务的最底层可以实现物联网海量数据的存储和处理，基于第二层可以进行软件的快速开发和应用，而第三层使更多的第三方参与提供服务。近年来，随着云计算技术的不断发展，也出现了众多新兴的云服务类型，如数据库即服务、身份即服务等。

云计算通过对动态、可扩展且虚拟化的计算资源进行整合，在物联网的应用层实现智能计算。通过分布式架构采集的来自网络层的数据，在"云"上进行数据的处理和存储，构成支撑物联网应用的中间件。云计算的低成本分布式并行计算环境，使物联网的数据处理规模大幅度提升。此外，云计算的扩展性以及较高的鲁棒性，也非常适用于物联网对计算能力的需求差异以及容错性要求。当前云计算与物联网的结合尚处于初期阶段，随着云计算的快速发展态势，物联网也将成为云计算应用的"蓝海"。

2. 边缘计算

边缘计算（Edge Computing）和云计算一样是网络基础设施的重要组成部分，针对不符合云计算模式的应用和服务而开发。尽管与云计算使用相同的网络、计算和存储资源以及虚拟化等机制，边缘计算扩大了以云计算为特征的网络计算范式，将计算从网络中心拓展到网络边缘，从而更加广泛地适用于特定条件下的应用形态和服务类型。由于工程物联网中部署了大量设备，其中多数没有自己专用的计算和存储资源，当前端产生大量需要处理和存储的数据时，如果按照传统模式将数据全部上传，会导致数据处理不及时、网络资源占用过大等问题。

边缘计算，是指在靠近物或数据源头的一侧，采用网络、计算、存储、应用核心能力为一体的开放平台，就近提供最近端服务。边缘设备执行数据采集和边缘计算，同时支持设备间的数据共享和协同决策。边缘设备通过对数据进行过滤和聚合分析等智能处理，过滤出需要转移到中央数据存储区域进行云计算的数据。其余数据利用边缘节点的计算资源进行处理，从而最大限度发挥本地设备及其边缘的"受限"资源（见图2-13）。此外，当边缘设备产生数据的速率远大于云处理能力时，需要边缘计算缓冲后进入"云"端。边缘计算中数据的分层级处理模式，有效避免了海量数据在边缘的堆砌。这种数据采集、处理、分级、传输同步进行的模式，实现在离"物"很近位置处大规模的数据吞吐。通过在紧贴"物"的物联网平台上叠加一层分布计算能力，使得云计算与边缘计算相互协同以实现物联网中所需的计算、控制和决策。

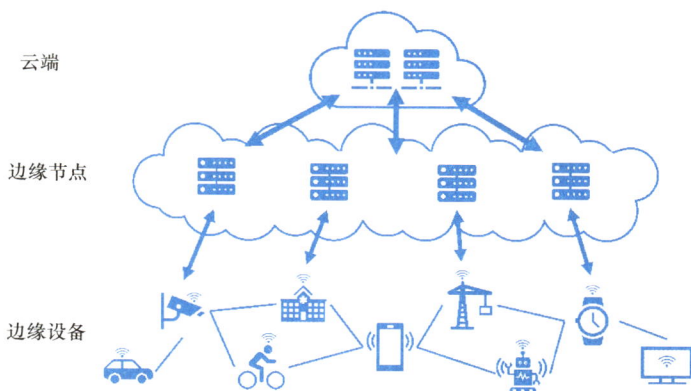

图 2-13　边缘计算

在边缘计算模式中，数据存储、处理和应用程序集中在网络边缘设备中，而不必传输到云端进行处理，从而在实现延迟最小化的同时减轻云端负荷。此外，相对于由服务器集群组成的"云"端，"边"端由网络边缘设备组成，地理位置分布更广泛且具有更大范围的移动性。因此，边缘计算适用于要求低延时、移动性以及位置感测的工程应用。例如，分布式的城市管线监测传感器网络，资源调度等快速移动的应用程序，以及基于地理位置的作业管控服务等。近年来，物联网场景下设备数量大幅增加，边缘计算也是应对其伴随的数据处理需求激增的一种有效途径。

边缘计算能够应对物联网场景对于低数据传输成本和低移动连接时延的要求，并在边缘处满足实时处理与协同决策。但是，边缘计算系统的安全问题和风险管理也日益严峻，系统的边缘侧可能面临不可信终端和恶意开发者的未授权接入风险，必须构建完善的安全防护体系。这需要在终端用户、边缘节点和边缘服务器之间部署严格的访问控制策略，并建立可靠的安全通信通道，从而确保数据传输的保密性、完整性和用户隐私安全。

本章小结

由于物联网应用的广泛性以及网络接入的强异构性，因此需要一个规范、稳定、开放的物联网体系结构以保证更透彻的感知、更广泛的互联以及更多元的应用。物联网体系结构有多种划分方法，按照数据采集、传输和应用的原则，物联网网络架构一般分为感知层、网络层和应用层三个层次。各层之间既相互独立又联系紧密，从而实现信息的传递、交互、反馈等。

本章第一部分首先介绍了工程物联网的协议，包括物联网协议基础、协议的通信模型以及常见的工程物联网协议；随后梳理了工程物联网感知层、网络层和应用层的体系结构，介绍并分析了各个层次上的关键技术及其应用前景。

思考题

1. 物联网网络架构一般分为哪几个层次？
2. 什么是通信协议？通信协议由哪三个要素组成？
3. 常见的工程物联网协议有哪些？
4. NB-IoT 协议和 LoRaWAN 协议之间有什么区别？
5. RFID 技术的优势有哪些？
6. ZigBee 技术有几种网络拓扑结构？
7. TSN 如何实现时间同步？
8. 云计算和边缘计算的区别是什么？

参考文献

[1] 刘霞，姜元山，等．5G 和物联网技术应用发展综述[J]．物联网技术，2022(12)，5：60-61，64.

[2] Ray, P. P. A survey on Internet of Things architectures[J]. Journal of King Saud University-Computer and Information Sciences，2018(30)，3：291-319.

[3] 李冬月，杨刚，等．物联网架构研究综述[J]．计算机科学，2018(45)，S2：27-31.

[4] Almuhaya, M. A. M.，Jabbar, W. A.，et al. A survey on LoRaWAN technology：recent trends, opportunities，simulation tools and future directions[J]. Electronics，2022(11)，1：11010164.

[5] Wu, P.，Cui, Y.，et al. Transition from IPv4 to IPv6：a state-of-the-art survey[J]. IEEE Communications Surveys and Tutorials，2013(15)，3：1407-1424.

[6] 刘东山．NB-IoT 物联网的 CoAP 协议及实际部署应用[J]．信息通信，2019，7：236-237.

[7] Marrocco，G. Pervasive electromagnetics：Sensing paradigms by passive RFID technology[J]. IEEE Wireless Communications，2010(17)，6：10-17.

[8] 倪明选，刘云浩，等．无线感知网络的基础理论及关键技术研究[J]．中国基础科学、研究进展，2008，1：24-28.

[9] Li，M.，Jiang，F.，et al. Review on positioning technology of wireless sensor networks[J]. Wireless Personal Communications，2020(115)，3：2023-2046.

[10] Mraz，L.，Cervenka，V.，et al. Comprehensive performance analysis of ZigBee technology based on real measurements[J]. Wireless Personal Communications，2013，71：2783-2803.

[11] 刘佳乐．5G＋工业互联网综述[J]．物联网技术，2021，12：53-58.

[12] 刘扬，李泽亚，等．时间敏感网络研究现状及发展趋势[J]．微电子学与计算机，2022(39)，6：1-11.

[13] Deng, L. B.，Xie, G. Q.，et al. A survey of real-time ethernet modeling and design methodologies：from AVB to TSN[J]. ACM Computing Surveys，2022(55)，2：1-36.

[14] Sharma, Y.，Javadi, B.，et al. Reliability and energy efficiency in cloud computing systems：Survey and taxonomy[J]. Journal of Network and Computer Applications，2016，74：66-85.

[15] Alshehri, F.，Muhammad, G. A Comprehensive Survey of the Internet of Things(IoT) and AI-Based Smart Healthcare[J]. IEEE Access，2021，9：3660-3678.

[16] 郑宁，杨曦，吴双力．低功耗广域网络技术综述[J]．信息通信技术，2017，11(1)：47-54.

[17] 宋华振．时间敏感型网络技术综述[J]．自动化仪表，2020，41(2)：1-9.

知识图谱

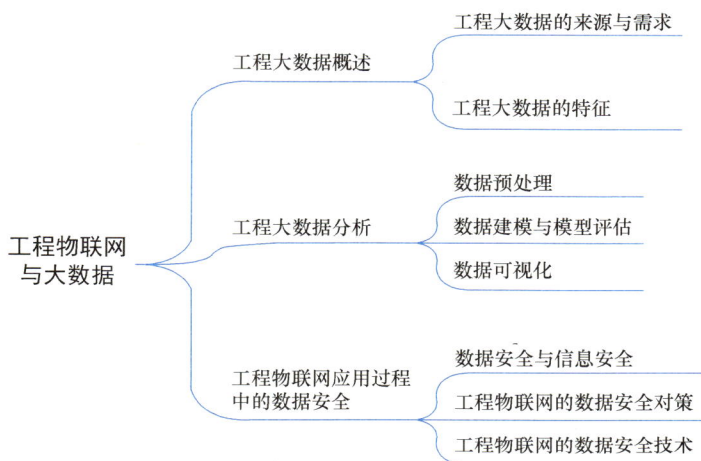

本章要点

知识点1. 工程大数据来源、类型、格式与特征。

知识点2. 工程大数据同化与融合。

知识点3. 工程大数据建模算法与分析模型。

知识点4. 工程大数据安全与保障策略及技术。

学习目标

（1）了解工程大数据的概念、特点和分析流程。

（2）掌握工程大数据的预处理、建模、评估及可视化方法，了解工程大数据的数据安全保障策略及技术。

工程物联网与大数据

随着工程物联网的不断发展和广泛应用，其采集到的数据具有来源多样、结构不同、格式各异、特征复杂等特点，工程大数据技术应运而生。基于大数据"4V：容量大（Volume）、类型多（Variety）、存取速度快（Velocity）、价值密度低（Value）"的普遍特性，工程大数据根据数据来源可以分为传感器时序数据、设备状态数据、图像视频数据、文本报告数据等，根据数据格式可以分为具有行向量和二维表结构的结构化数据、没有固定格式和明确定义的非结构化数据以及介于两者之间、格式和内容交织的半结构化数据。工程大数据来源于稠密边缘泛在感知，面向复杂、实时的工程大数据处理分析需求，工程大数据技术通过数据预处理、数据建模、模型评估和数据可视化等实现数据的清洗—转换—变换、特征提取、建模分析和结果展示。与此同时，面对存量和增量都在高速增长的工程大数据，其数据信息安全问题愈发突出，亟需进行深入分析和综合控制。

3.1　工程大数据概述

《自然》杂志于 2008 年提出新术语"Big Data"，即形成了大数据的概念。《科学》杂志于 2011 年发表大数据专刊《Dealing with Data》，同年麦肯锡研究院发布《Big Data：The Next Frontier for Innovation，Competition and Productivity》。我国《促进大数据发展行动纲要》中指出，"大数据是以容量大、类型多、存取速度快、价值密度低为主要特征的数据集合"，正快速发展为对数量巨大、来源分散、格式多样的数据进行采集、存储和关联分析，从中发现新知识、创造新价值、提升新能力的新一代信息技术和服务业态。

物联网技术在工程领域的应用愈加广泛，在数据采集和传输方面具有巨大优势。工程物联网技术通过连接大量边端设备、传感器和采集系统，实现快速感知和数据共享等功能。工程物联网与工程大数据具有密不可分的联系。一方面，工程物联网成为工程大数据的重要来源之一，工程物联网采集到的数据量和有用数据比例相比传统应用明显升高，为工程大数据的处理分析带来巨大挑战，同时也推动相关数据挖掘技术的发展。另一方面，工程大数据为工程物联网的智能化发展提供有力保障，通过建立与工程物联网应用相关的数学模型，提高工程物联网运算系统的处理和计算能力，实现工程物联网多维度信息的整合和分析。

通过分析和处理工程物联网采集的工程大数据，可以实现对建成环境和工程结构等监测对象的实时故障诊断、状态评估、性能预测和运维决策，并且可以针对关键环节和位置，改进监测方案、优化传感器布设，大大提高运维能力和效率。本章主要探讨工程大数据的来源、需求和特征。

3.1.1　工程大数据的来源与需求

从数据源格式区分，工程大数据包括传感器时序数据、设备状态数据、图像视频数据、文本报告数据等（见图 3-1）。

传感器时序数据是工程大数据的基础之一。传感器在智能工地等诸多应用场景中都占据着重要地位，通过使用大量不同类型的传感器及其数据采集系统，实现对真实物理世界的环境、作用、结构响应和结构变化、设备状态、人员行为等各种变量的感知。

设备状态数据是工程智能化感知的延伸。除了安装在基础设施工程结构内部或外表面的传感器外，各类大型机械设备在运行过程中，其监控系统内置的多类型传感器也会产生相应

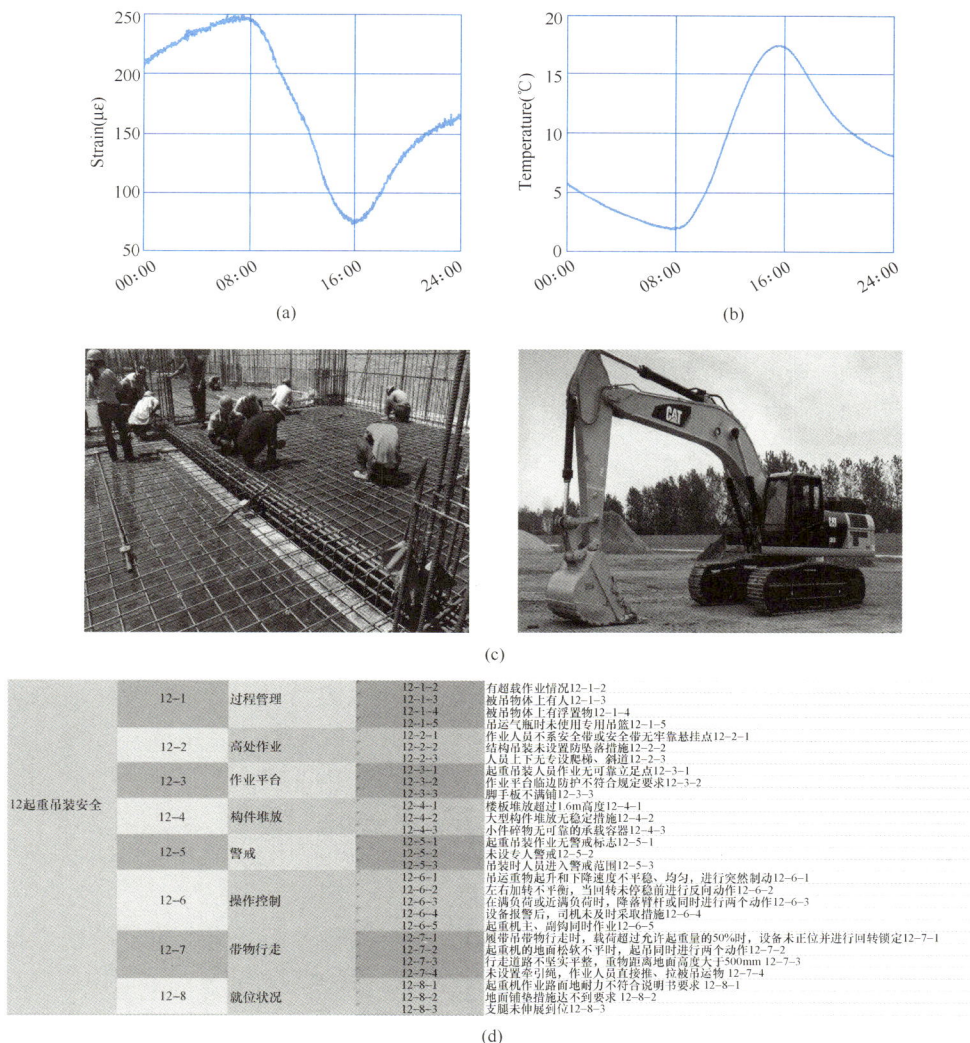

图 3-1　多源工程大数据示意图
（a）应变时程；（b）温度时程；（c）现场人员机械监控图像视频；（d）工作日志文本报告

类型的监测数据，包括设备温度、湿度等环境参数和振动变形等运行状态参数。

图像视频数据是区别于传感器时序信号的另一大类多源感知大数据，来源包括大尺度卫星遥感，中尺度固定监控摄像头、无人机、巡检机器人等移动检测设备，以及细尺度智能手机等稠密群智感知终端。图像视频数据中包含了监测和检测对象的外观变化和振动变形信息，在工程结构的损伤识别和振动识别等诸多应用场景下发挥着重要作用。如何利用工程物联网技术高效获取高质量的图像和视频数据，并准确识别和深入挖掘蕴含于其中的损伤和变形信息，是目前该领域的研究前沿之一。

文本报告数据亦包含多种来源，如传感器工作日志、设备工作和人员操作行为记录、系统运行状态评估报告、工程结构检测报告等。如何从文本报告数据中实现有效信息和专业知识的智能挖掘，管理和预测建成环境状态，是目前面临的巨大挑战。例如，通过传感器工作日志可以提供传感器异常状态的记录和处理过程的解释，通过周期性检测报告可以预测检测对象的性能变化趋势、异常位置和程度以及状态变化模式等。

工程物联网传感器时序数据、设备状态数据、图像视频数据、文本报告数据等往往存储于不同的系统和设备中，数据孤岛现象明显。目前，缺乏有效的数据汇聚和整合方法，通过数据转换和同化等标准化手段提升数据一致性，也缺乏高效智能的多模态数据分析挖掘方法，通过多类型工程大数据的有效融合实现建成环境和工程结构的故障检测、性能预测和管控决策。

从数据格式区分，工程大数据主要包括结构化数据和非结构化数据。结构化数据基于统一特定格式、被数据库存入读取进行高效查询、传输、管理和分析，同时包含关于其内容和访问说明的元数据，由结构定义清晰的表格或字段组成，如日期、姓名、地址等。结构化数据常常存在于工程物联网的业务流程系统或应用程序数据库中。非结构化数据则没有固定的格式、无法标准化归类，包括图像视频、声音、文本报告、电子邮件等，主要来源于云存储服务和设备采集终端。

在一个工程物联网系统中，不同类型的数据需要彼此进行相互转换。在工程物联网应用场景下，通常需要将非结构化数据转换成结构化数据，并与现有的结构化数据进行合并以增强相关性。例如，采用自然语言处理（Natural Language Processing，NLP）技术从文本和报告数据中提取出实体或关键词，从而使其变成可识别分类的结构化数据。

工程物联网系统在收集各类型数据后，需要通过搜索引擎对信息进行整合、处理和排序，便于工程大数据管理。为应对数据量激增带来的存储压力，采用读写分离、视图机制、分布式存储和时序数据库等方式，在确保数据安全的同时提升存取效率。使用结构化数据提高管理效率，提取数据中包含的关键信息，提高工程物联网系统的交互性、可访问性和可读性，可以采用微数据格式（Microdata Format）或 RDFa（Resource Description Framework in Attributes）格式。

微数据格式是一种基于 HTML5 的标记语言，可以将页面元素标记为特定类型，为搜索引擎提供有关信息的更多元数据，帮助搜索引擎更好地理解和分类页面内容，提高搜索引擎工作效率。RDFa 格式在标记语言中嵌入资源描述框架信息，为搜索引擎额外提供访问处理信息，比微数据格式更具有弹性和解释性，并且不需要严格的标签。RDFa 格式可以在任何 HTML 标签中嵌入属性，然后通过检测存在这些属性的标记，识别和发现新的实体信息。

3.1.2 工程大数据的特征

大数据的"4V"特征，其中，Volume 表示大数据的数据量巨大，其内涵既包括数据的总体量大，也包括数据的增量大；Variety 表示大数据的类型多，包括采用二维表结构进行逻辑表达、存储在关系型数据库中、表征实体向量的行数据等结构化数据，无固定结构的文本、视频、图像、音频等非结构化数据以及数据结构和内容融合在一起、没有明显区分的半结构化数据，如日志文件等；Velocity 表示大数据的存取速度快，对应的数据处理分析时效要求较高，需要及时从大数据中挖掘出相关的信息和知识；Value 表示大数据的价值密度低，但能够通过规模效应，将大量具有低价值密度的数据整合为具有高价值的数据资产。

基于大数据普遍具有的上述特征，由工程物联网获得的工程大数据具有多源复杂性、多元化、海量性、高度异构性、多模态性、高速实时性、高可靠性和高可用性、精度非一致、粒度不均匀、数量不平衡等特征。

1. 多源复杂性

工程物联网系统的不同数据源之间需要进行全面交流，每个数据采集设备节点通过不同的异构通信协议与其他节点进行数据交互。如果这些异构协议之间不能相互识别，整个物联网系统将会无法正常工作。因此，工程大数据具有多源复杂性，既包括数据采集设备来源的复杂性，也包括数据通信协议的复杂性。

2. 多元化

工程物联网所涉及的对象多种多样，需要感知的监测变量也不尽相同。因此，工程大数据呈现出多元化特征。例如，大型桥梁结构健康监测系统需要监测环境（温度、湿度、降雨量、结冰等）、作用（车辆荷载、风速、风向、风压、船撞、地震等）、结构响应（位移、转角、应变、索力、支座反力、振动等）、结构变化（基础冲刷、桥墩沉降、位移、裂缝、腐蚀、断丝、索夹滑移等）等多类型物理量，这些变量的特征信号形式、采集方式和采样频率存在巨大差异。

3. 海量性

工程物联网涉及大量传感器的接入和设备的数据采集，数据存量和增量均十分庞大，可以达到亿级甚至是千亿级别。工程大数据的海量性也大大提升了数据处理和分析挖掘的难度。

4. 高度异构性

工程大数据的高度异构性是指数据类型、格式、结构、语义等方面存在显著差异。工程物联网中的感知设备、采集平台、通信协议之间均存在差异，其数据产生形式、存储格式和传输方式也有所不同。

5. 多模态性

工程物联网系统产生的传感器时程数据、图像和视频数据、文本和报告数据等具有不同的数据形式，产生了工程大数据的多模态特征。

6. 高速实时性

工程物联网系统数据流庞大，需要保证工程大数据的获取和处理速度，从而实现对实时状态的监测和决策反馈。因此，需要在设计和搭建工程物联网系统平台时，充分考虑各种硬件、软件、传输协议等因素的影响，实现工程物联网的实时采集、高效传输、读写和快速响应。

7. 高可靠性和高可用性

工程系统往往涉及基础设施服役安全、人员生命安全和财产安全，因此工程大数据需要具备高可靠性和高可用性，确保数据的安全性和稳定性。

8. 精度非一致

工程大数据来源于不同传感器和复杂使用环境，数据精度表现出明显的非一致特征。不同来源数据所反映的信息尺度、分辨率和灵敏度差异明显。

9. 粒度不均匀

粒度不均匀指工程大数据的细化程度不统一。越明细的数据包含的信息越多，同时也会包含更繁杂的干扰信息。因此，在工程大数据分析时，往往需要将不同粒度的数据转化为同一规格后再进行数据分析，或者针对不同粒度的数据分别建立相对应的分析模型，最后在特征决策层进行粒度融合。

10. 数量不平衡

数量不平衡是工程大数据的另一种常见特征。一般地，绝大部分数据均来源于系统正常状态，而特殊状态和异常模式下的数据量相对稀缺。由于数据规模存在巨大差异，可能造成工程大数据分析模型坍塌于某一恒定状态，在小样本场景下的模型性能大幅降低。因此，需要采取适当的数据过采样或欠采样方式和数据正则化或标准化方法，确保不同模式数据量的相对平衡。

3.2　工程大数据分析

工程大数据分析包括数据预处理、数据建模与模型评估、数据可视化等方面。

3.2.1　数据预处理

工程物联网系统涉及海量多源异构数据采集，部分原始数据可能是不完整、含噪声、异常或无效的。因此，在进行工程大数据建模分析之前，需要进行数据预处理，确保分析建模采用的数据完整、准确和有效。工程大数据预处理包括数据清洗、数据转换、数据变换、特征选择等。

1. 数据清洗

数据清洗是指识别出不正确、不完整或无法使用的数据，并将其删除或恢复正常，包括去除噪声、填补空缺、异常值检测等，有助于减少数据噪声、提高数据质量、保证数据完整性和准确性。通常涉及查询重复数据、处理缺失数据、移除异常数据和恢复错误数据等。在完成数据清洗后，就可以进行数据整合，便于后续数据管理和分析。

数据缺失是一种工程大数据预处理经常面对的情况，可以根据数据分布特征选择相应的插值算法进行缺失数据填充。然而，插值填充仅对数据进行了填补，无法完全恢复所缺失的特征数据，还可以使用 K-Nearest Neighbor（KNN）等算法完成对缺失数据的估计。

异常数据处理是工程大数据预处理阶段的重要环节。异常数据不同于错误数据，可能来自于传感器故障、数据采集传输过程中的噪声、监测对象的异常行为模式，或者其他未知原因。若不对异常数据进行处理，这些数据会影响工程大数据建模分析结果的准确度，因此需要合适的异常数据清理方法。在进行异常数据处理后，可以通过分析数据分布的变化，验证异常数据的处理效果。例如，针对异常值清理任务，如果数据分布更加符合正态分布，则说明异常值清理效果较为明显。反之，如果验证效果不理想，则需要重新调整异常数据处理方法并进行再次验证。

常用的异常数据处理方法包括基于高斯分布的方法、基于 Tukey's Fences 的异常值去除方法、基于绝对中位差 MAD（Median Absolute Deviation）的异常值检测方法等。传统方法首先需要对异常数据进行明确定义，具体标准根据实际监测对象特性和应用场景需求确定。例如，对于温度传感器，可以将温度超过正常范围正负某一合理阈值的数据定义为异常数据。此外，为了使数据更加规范，可以使用数据字典，详细定义每个数据字段的类型和取值范围，区分异常数据模式，并采取相应的处理方式。

受类脑视觉认知过程启发，国内外研究人员提出了基于计算机视觉的异常数据诊断方法，区别于传统预定义异常数据标准，采用数据可视化方法将一维时序数据转换为二维平面图像，并且在通道方向融合监测数据的时频特征，建立机器学习异常数据识别模型，实现了多模式异常数据的准确识别。

2. 数据转换

数据转换是指根据所要进行的建模任务，将采集到的原始数据集完整或部分地转换为新的数据格式，然后在新的数据集上进行建模和验证。例如，对于传感器监测时程信号的异常数据诊断任务，可以将每段一维时序信号转换成对应的二维图像，后续基于计算机视觉方法识别其中的数据异常模式。数据转换往往需要基于一定的标准进行，通过定义数据转换的规则和流程，实现数据转换的自动化和标准化。

例如，大量实际监测加速度数据分析表明，监测数据普遍存在多种错误数据，主要包括：数据缺失、次小值、离群值、超量程振荡、数据漂移等（见图 3-2）。将加速度时程数据按小时绘制为像素分辨率为 100×100 的 8 比特灰度图像，实现不同异常模式加速度时程的数据转换（见图 3-3）。

数据转换的对象包括数据格式、数据结构和数据类型，常用方法包括数据映射、数据合并、数据拆分等，从而实现数据格式、结构和类型的统一。数据映射是指将不同数据源、具

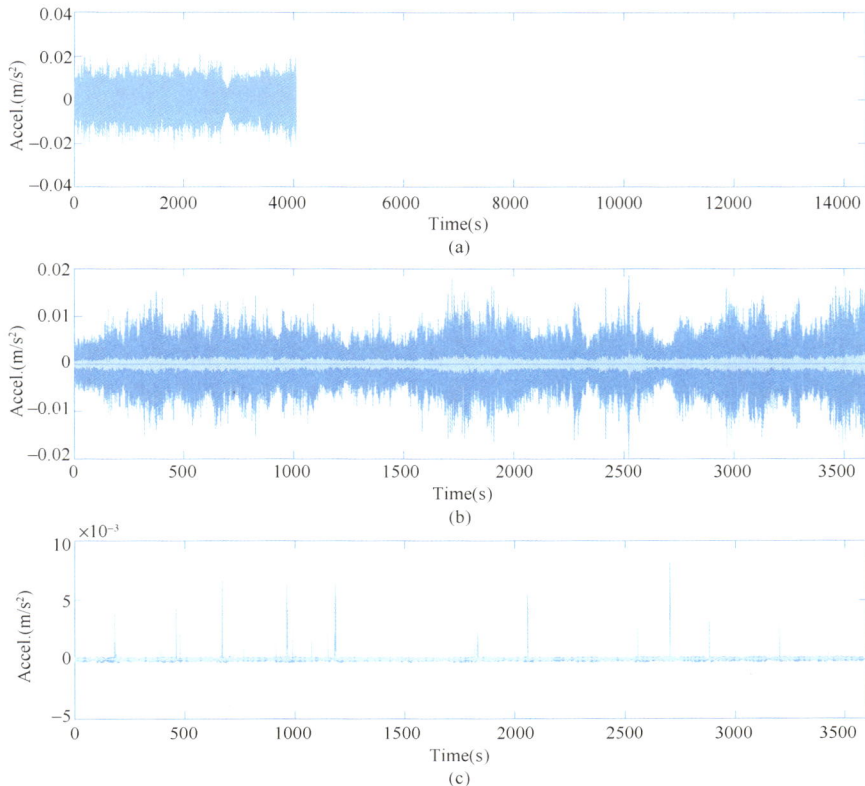

图 3-2　典型异常加速度数据（一）

（a）数据缺失；（b）次小值；（c）离群值

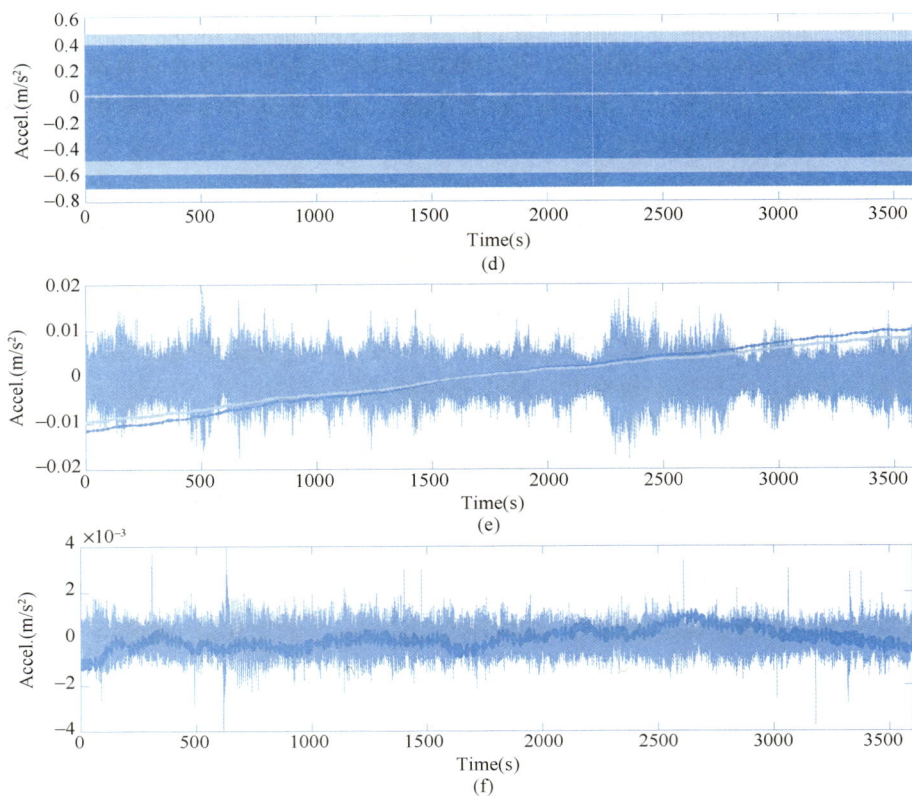

图 3-2 典型异常加速度数据（二）
（d）超量程振荡；（e）趋势；（f）数据漂移

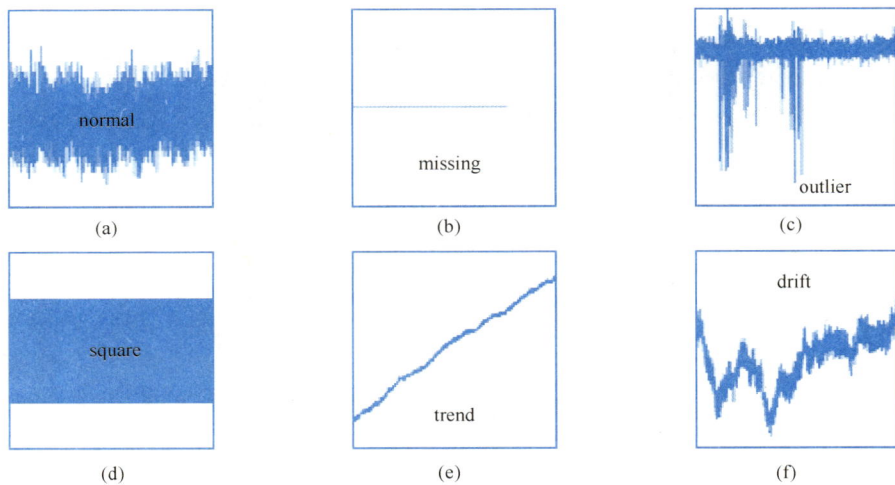

图 3-3 异常模式加速度时程数据转换示意图
（a）正常；（b）数据缺失；（c）离群值；（d）超量程振荡；（e）趋势；（f）数据漂移

有不同格式和结构的数据转换为相同的格式和结构。数据合并是指将多个数据源的数据进行合并，生成一个新的数据源，以满足数据融合分析挖掘需求。数据拆分是指将一个数据源的数据拆分成多个数据源，以满足不同子系统或分析任务的需求。

数据转换的应用场景包括数据集成、数据迁移、数据分析等。例如，面向数据集成场景，由于从不同数据源获取到的数据往往具有不同的格式和结构，因此需要进行数据转换，把不同格式和结构的数据进行统一，从而实现数据的整合和共享。面向数据迁移场景，需要将从原始系统采集的数据迁移到新系统，而新系统可能具有和原始系统不同的数据接口、格式和结构，因此也需要进行数据转换，以适应新系统的要求。面向数据分析场景，需要将具有不同特征、精度、尺度的数据同化或转换为相同的特征、精度、尺度，从而实现数据融合分析和挖掘。

3. 数据变换

数据变换是指对采集到的原始数据进行格式重组和数学变换的过程，常见的数据变换方式包括：

（1）直方图均衡化：直方图均衡化是一种经典的图像处理算法，用以改善图像的亮度和对比度。例如，对于图像数据，可以采用直方图均衡化增强图像质量，提升动态范围偏小的图像对比度，增加图像清晰度。经过直方图均衡化后，原本对比度不明显的区域内可能出现明显的边缘现象，这是因为原本相邻的、具有较小强度差异的像素在直方图均衡化映射后的差异值被放大，从而出现边界效应。

（2）数据归一化：将所有数据点统一映射到相同的上下界范围内，使其分布更加稳定，减缓绝对值差异的影响。常用的数据归一化方法有最大值-最小值归一化、对数变换等。最大值-最小值归一化主要用于将数据缩放在［0，1］区间范围，避免数据分布的上下界绝对差异过大，但是这种方法极易受到异常值的影响。一个显著离群的异常值，即可能将原本去除异常值后正常的数据分布在经过最大值-最小值归一化后变为偏向异常值的偏态分布。因此，在进行最大值-最小值归一化之前需要进行异常值检测和去除。对数变换主要用于缩小数据取值的绝对范围，对原数据的乘法运算相当于对数变换后的加法运算，也减小了计算复杂度。

（3）数据标准化：通过缩放数据，使其具有零均值和单位方差，统一不同数据段的概率分布。常用的方法如 z-score 变换，根据中心极限定理，z-score 变换用于将数据近似变换为标准正态分布。

（4）离散化：根据所需要的不同建模任务类型，将连续型数据按有重叠或无重叠的方式划分成离散的区段，便于进行后续分析。常用的数据离散化技术主要是滑窗法。例如，在图像检测中，通过采用某一长度和宽度的滑动窗口、设定滑动步长在输入图像上进行滑动，对每个滑动窗口经过的图像块进行分类判别，确定其中是否含有物体（图像分类）并且识别物体的位置（目标检测）。

举例说明，某吊索索力变化主要由温度作用和车辆荷载引起，温致部分变化缓慢，车致部分波动明显。考虑到感知数据不可避免地包含噪声，重车引起的索力变化在时域内是稀疏的，且车致响应和噪声均会产生极值点。综合上述特征，设计了数据预处理去趋势项流程（见图 3-4），具体步骤包括：

（1）从原始感知数据中选择极值点，其中包含由噪声引起的极值点和车致极值点，然后以每小时为时间窗口分别计算每个时间窗口内的数据均值和标准差，与均值相差超过 1 倍标准差的极值点认为是车致极值点，剔除这些极值点，保留噪声引起的极值点。

（2）对噪声极值点进行中值滤波获得数据随时间的缓变规律，根据采样频率选择窗口宽度，基于滤波后极值点对其他时间点进行线性插值。中值滤波计算方法可参照以下步骤：

1）定义长度为 L_a 的中值滤波窗口，$L_a = 2a + 1$，a 为正整数；

2）对 L_a 个数据点按数值大小进行排序，取序列中间位置数据值为中值滤波值：

$$mx(i) = \text{Medium}[x(i-a), \cdots, x(i), \cdots, x(i+a)] \tag{3-1}$$

式中　x——感知数据的离散信号点；

　　　mx——中值滤波值；

Medium——取中位数运算。

3）所有中值滤波值形成新的数据序列。

（3）以合适的窗口长度，对插值后的数据序列进行光滑处理获得趋势项，再从原始感知数据中减去趋势项，即获得经过去趋势项后的索力感知数据。

（4）对去趋势项后的索力感知数据进行归一化处理，使数值保持在 [−1，1] 范围内，即无外界荷载时索力保持在 0 附近。

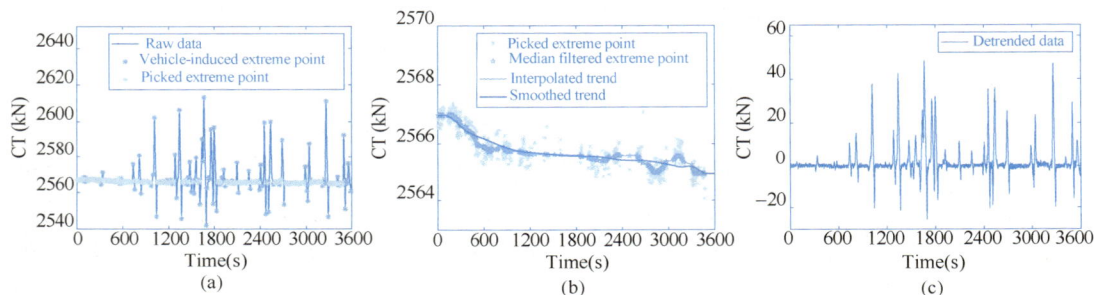

图 3-4　索力感知数据预处理去趋势项过程

（a）原始数据极值点；（b）提取趋势项；（c）去趋势项后数据

4. 特征选择

在工程大数据分析建模问题中，一般不会将所有的特征变量作为输入，往往需要选择出对输入输出映射关系具有显著贡献度的特征变量。原始数据中的特征对所建立模型的预测精度和泛化能力具有显著的影响。在固定数据集和模型架构的前提下，特征选择愈完备、愈准确，所获得的建模效果则愈好。

特征选择是指从原始数据中选择出建模所需要的合适特征，通常采用统计和机器学习方法来实现，显著降低噪声对模型的影响并提升模型精度，通常也称为特征工程。通过特征工程，将原始数据转化为更能表达所研究问题本质和所研究对象特性的特征变量，并进一步将这些特征输入所建立的预测模型中，提高对测试数据的预测精度。如何设计特征算子，分解、聚合和提取原始数据中的关键特征，从而充分利用数据特征进行预测建模，是特征工程的重中之重。

特征重要性一般作为特征选择过程中的量化评价指标。每一个特征可以被分配一个重要性分值，按照重要性分值排序，具有较高重要性分值的特征则被认为是关键特征，并作为输入训练预测模型，同时剩余的特征则可以被忽略。

以上为工程大数据预处理时的常用方法。通过数据预处理，可以更好地提升工程大数据的数据质量，进而提高工程大数据建模分析的准确性。

3.2.2 数据建模与模型评估

工程大数据建模分析是将真实的物理世界抽象成数学模型的过程，将真正感兴趣的要素或特征转化成变量，通过建立显式或隐式表达的数学模型，实现对物理世界的分析与预测。工程大数据建模分析需要根据不同的数据类型和任务需求选择不同的建模方法，建立适合的数学模型。常用的工程大数据建模分析方法包括回归分析（如时间序列 ARIMA 模型等）、识别样本所属类别的分类算法（如 KNN、决策树、支持向量机等）、发现数据内部结构的聚类算法（如高斯混合模型 GMM、K-Means、模糊聚类等）和降维算法（如主成分分析等）等经典算法。

回归分析主要针对数值型连续随机变量的预测问题，通常建立时序回归预测模型进行有监督学习，拟合时序点集的变化规律。常见的回归分析方法包括线性回归、回归决策树、最近邻算法等。线性回归使用二维（一元线性回归）平面或多维（多元线性回归）超平面拟合数据集，前提假设是因变量和各个自变量之间呈线性关系，普遍基于残差平方和最小准则采用最小二乘法实现。决策树由节点和有向边组成，节点有两种类型：内部节点和叶节点，内部节点表示一个特征或属性，叶节点表示一个类别或者某个值；回归决策树从根节点开始，对样本的某一特征进行测试，根据测试结果将样本分配到其子节点，每一个子节点对应着该特征的一个取值，如此递归地对样本进行测试并分配直至到达叶节点；回归决策树通常使用最大均方差划分节点，每个节点样本的均值作为测试样本的回归预测值，实质是将空间用超平面进行划分，每次分割都将当前的空间根据特征的取值进行划分，使得每一个叶子节点都落在空间中的一个不相交区域。最近邻算法通过搜寻空间内最相似的训练样本，判断新观察样本的取值；所谓最近邻，就是选取一个阈值 K，对在阈值范围内离测试样本最近的点取均值，即为该样本点的预测值；最近邻算法实际上也是对于特征空间的划分，由距离度量、K 值、决策规则等基本要素组成。另外，回归分析也可以用于复杂数据的相关性分析。举例说明，采用基础设施运营初期的监测数据，诊断感知对象的状态变化，步骤如下：

（1）对于具有线性相关的感知数据序列，在剔除趋势项后，计算皮尔逊相关系数 C，基于运营初期数据样本计算其相关系数的均值 μ_C 和标准差 σ_C，超过 3σ 即诊断为相关性超限。

（2）对于具有非线性相关的感知数据序列，在剔除趋势项后，可采用机器学习方法分析（如设计循环神经网络等）。网络预测长度可根据计算资源选择，从数据集中进行随机采样，形成与预测步长一致的训练集 $\{x,y\}$，以序列 x 为输入、以序列 y 为输出，对神经网络进行训练；计算真实值与网络预测值的差值 $\Delta = y - G(x;\theta)$，计算运营初期数据样本计算预测差值的均值 μ_Δ 和标准差 σ_Δ；将待分析的感知数据输入训练完成的循环神经网络，计算预测差值 Δ，超过 3σ 的即诊断为相关性超限。

分类主要针对非连续型变量的类别判断问题，可分为二分类和多分类，需要根据数据集的特点构造分类器，建立从数据点到样本类别的映射关系，从而判断未知样本的所属类别。分类问题常用的输出形式为独热向量，其维度为 $1 \times N$，N 即为类别总数。独热向量中的元素数值只有一个为 1，其余均为 0，1 所处的位置即代表所属类别为第几类。常见的分类方法包括 Logistic 回归、分类决策树、支持向量机、贝叶斯网络等。Logistic 回归采用 Logistic 函数对模型截距和系数进行估计，将单个参数的质量统计和模型当作一个整体，并将预测值映射到 0～1 之间，即代表了将样本分类为某个类别的概率；分类决策树使用信息增益或增益比率来划分节点，每个节点样本的类别情况投票决定测试样本的类别；支持向量机（Support Vector Machine，SVM）采用线性或非线性的核函数（Kernel），将数据映射到高维空间并分为均匀的子群；贝叶斯网络包括一个有向无环图（Directed Acyclic Graph，DAG）和一个条件概率表集合，DAG 中一个节点表示一个随机变量，节点间相互关系由有向边表示，关系强度则由条件概率表示，能进行不确定条件下的分类推理。

聚类分析是基于物理或抽象对象集合的内部结构，将其分为由类似的对象组成的多个集群。与分类、回归等有监督任务不同，聚类是在未知任何样本标签的情况下，通过数据点之间的内在关系把样本划分为若干类别，使得同类样本之间的相似度高、异类样本之间的相似度低（即减少类内距、增大类间距），属于无监督学习。常见聚类方法包括高斯混合模型 GMM、K-means 聚类、AP 聚类、DBSCAN 聚类等。

高斯混合模型（GMM，Gaussian Mixture Model）的数学表达式为：

$$f(\zeta_n^i|\vartheta) = \sum_{k=1}^{K} w_k f(\zeta_n^i|\theta_k) \tag{3-2}$$

其中，高斯混合模型中的待估计参数包括分类成分数目 K，权重 $w = \{w_1, w_2, \cdots, w_k\}$ 和高斯成分的参数 $\{\theta_1, \theta_2, \cdots, \theta_k\}$。

每一个高斯分布代表了感知数据内蕴的一个模式。高斯混合模型通过组合的高斯分布对感知数据进行建模，发现不同模式，从而分离出数据中蕴含的特征信息，因此高斯混合模型的参数变化可以反映感知对象的状态变化。假定 K 已知，高斯混合模型的参数估计可采用以最大化似然函数为目标的经典 EM（Expectation-Maximization）算法，其似然函数为：

$$\ln L(\zeta^m|\vartheta) = \ln\left[\prod_{n=1}^{N} f(\zeta_n^m|\vartheta)\right]$$

$$= \sum_{n=1}^{N} \ln[f(\zeta_n^m|\vartheta)] = \sum_{n=1}^{N} \ln\left[\sum_{k=1}^{K} w_k f(\zeta_n^m|\mu_k, \sigma_k)\right] \tag{3-3}$$

似然函数对 μ_k 求导：

$$\mu_k = \frac{1}{N_k} \sum_{n=1}^{N} f(s_k = 1|\zeta_n^m)\zeta_n^m, N_k = \sum_{n=1}^{N} f(s_k = 1|\zeta_n^m) \tag{3-4}$$

式中　N_k——被分到第 k 类的样本大小。

$$\sigma_k = \frac{1}{N_k} \sum_{n=1}^{N} f(s_k = 1|\zeta_n^m)(\zeta_n^m - \mu_k)^2, w_k = \frac{N_k}{N} \tag{3-5}$$

采用 EM 算法最大化似然函数对高斯混合模型进行参数估计，步骤如下：

（1）初始化：给定分类数 K，初始化模型参数 $\vartheta^{initial}$；

（2）E-step：根据参数估计值由式（3-4）计算 $f(s_{nk} = 1|\zeta_n^m)$；

（3）M-step：根据式（3-5）更新参数；

（4）重复迭代 E-step 和 M-step，直至收敛。

其中，K 的选择可由从 $K_{min} \sim K_{max}$ 估计的几个模型中，由贝叶斯推断准则（Bayesian Inference Criteria，BIC）选取：

$$BIC = -2\ln L(\zeta^m|\vartheta) + q\ln(N) \tag{3-6}$$

其中，$q = 3K$ 为模型参数数目，N 是数据集中的样本总数。

举例说明，针对某斜拉桥的索力监测数据，将高斯混合模型应用于基于索力感知数据的状态评估，其高斯混合模型聚类分析结果如图 3-5 所示，根据高斯混合模型聚类参数的变化可以判断索力状态变化。

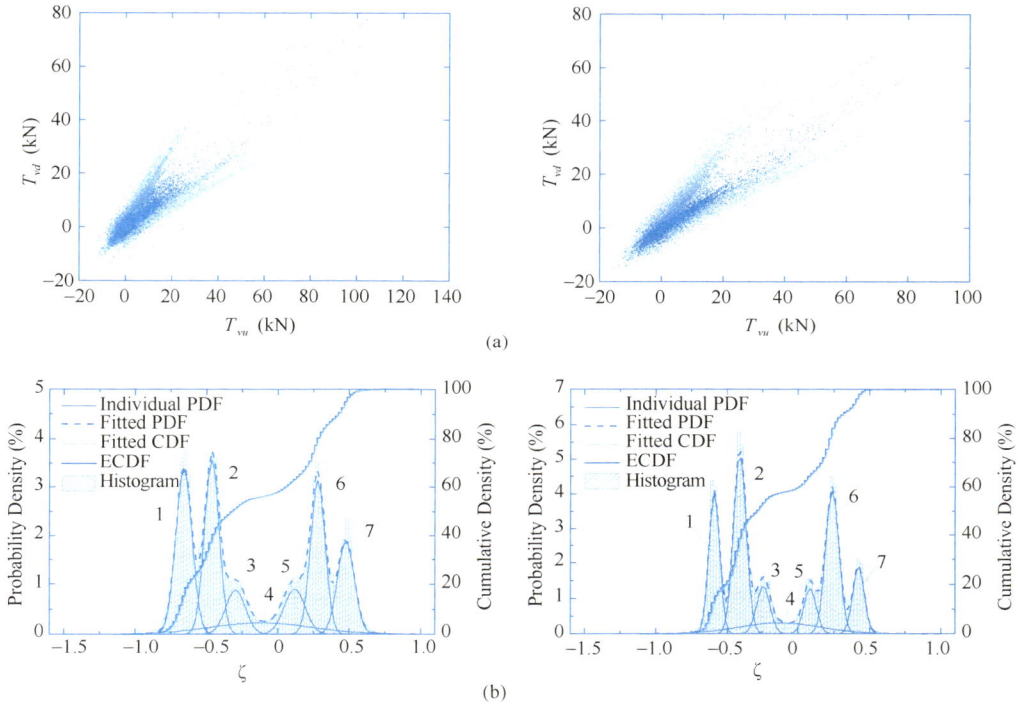

图 3-5 索力感知数据的高斯混合模型聚类分析结果
（a）索力对感知数据散点图（横纵轴分别表示一组索力对的一个）；
（b）以索力比为指标的高斯混合模型聚类分析结果

K-means 是最常用的聚类算法，其基本思想是，从数据中选出 K 个点代表聚类的中心，并通过计算剩余样本到聚类中心的几何距离，通过迭代使得聚类结果对应的损失函数最小；划分各集群，其损失函数一般定义为各个样本距离所属簇中心点的距离平方和；AP 聚类利用两个样本点之间的图形距离确定集群，也称为近邻传播聚类，核心思想是通过在不同数据点之间不断传递信息，最终选出聚类中心，其不需要确定最终聚类族的个数，而是采用已有数据点作为最终的聚类中心，对数据点的初始选择不敏感；DBSCAN 聚类通过样本点的密集区域确定各集群。K-means 聚类容易受到异常值的影响，在遍历数据点达到稳定收敛之前，离群值对聚类簇心的移动方式有显著的影响；DBSCAN 通过将相邻点连接到一起的过程形成聚类簇，不需要指定聚类集群的数量，避免了异常值的影响。

  降维是对数据特征进行简化，其主要目的在于在保证模型精度和有效性的同时，减少模型的复杂性，同时去除数据中包含的噪声，减小无效特征的影响，增强数据的可解释性。常见的降维方法包括特征提取和特征选择，如主成分分析等。特征提取是将原始的多个特征进行融合形成关键的、数量较少的新特征；特征选择是从原始特征中选择重要的特征子集用于建立模型，同时忽略其他的非重要特征。

  数据建模与模型评估是工程大数据分析的重要组成部分，通过建立可靠的数学模型，挖掘蕴含于工程大数据中的信息和知识，为预测和决策提供有效依据。目前，工程大数据挖掘方法主要包括基于机器学习和深度学习的方法等。

  机器学习（Machine Learning，ML）是 AI 领域的一个重要组成部分。Mitchell 将"学习"定义为机器通过学习经验数据中的模式从而提高其在各项任务中的表现，该定义自 20 世纪 40 年代被提出以来，即在各个学科中得到广泛应用并形成多种算法，大多数机器学习算法均可看作是对数据分布的显式或隐式表达。按学习数据是否有标签可将机器学习算法分为三类，即有监督学习（Supervised Learning）、无监督学习（Unsupervised Learning）和强化学习（Reinforcement Learning）。

  长期的机器学习实践表明，特征选择决定算法性能，优质特征可使数据在特征空间呈现清晰的分布模式，从而更准确地揭示数据背后物理系统的规律。因此，特征学习作为机器学习的一个分支也得到了广泛研究。常用的特征学习算法包括基于数据相似度的聚类分析方法、主成分分析方法、独立成分分析方法、受 SVM 启发的核方法和稀疏编码算法等。

  早期的机器学习算法，如人工神经网络（Artificial Neural Networks）、感知机（Perceptron）算法，通过抽象表达神经元的输入层和输出层，定义神经元的连接权重和偏置系数，在此基础上通过增加神经网络层数、数量和非线性激活函数功能层，发展出了适用于处理高维非线性问题的多层神经网络和误差反向传播算法，使得大型神经网络参数的高效训练成为可能，也使得其成为机器学习领域影响最深远的算法（见图 3-6）。其他影响较大的机器学习算法还包括 Vapnik 从数学上推导出的统计学习理论（Statistical Learning Theory，SLT）及其提出的支持向量机（Support Vector Machine，SVM）和基于贝叶斯理论的图模型（Graphic Model）。

  传统人工神经网络受限于计算硬件的算力约束，只能训练浅层模型，因而算法的精确性难以提高。Hinton 提出了深层神经网络模型，发展出深度学习算法，使得神经网络在形式上具有更深的层数，在实质上则是数据特征（包括时间、空间和通道特征等）的高层次抽象和表达。因此，深度学习也被看作特征学习，通过对传统的机器学习算法加深层数的操作（此过程实现了特征高层次表达和高效学习），使其拥有更强的学习能力。

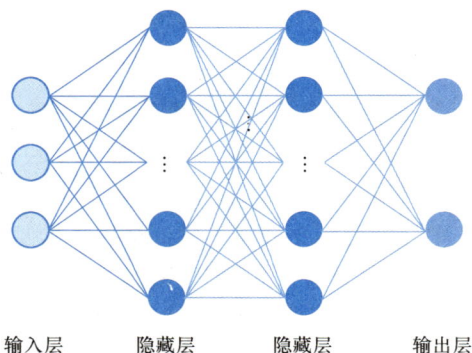

输入层　　　隐藏层　　　隐藏层　　　输出层

图 3-6　神经网络模型架构示意图

  深度神经网络主要包括深度递归网络、长短期记忆网络、卷积神经网络、深度置信网络等形式。循环神经网络（Recurrent Neural Networks，RNN）通过参数共享机制实现对长序列数据的模式识别和记忆，通过深度网络设计使其能学习并记忆更长时间范围内的序列特征，大大提高了机器翻译、自然语言处理等时序数据学习预测能力。长短期记忆（Long-Short Term Memory，LSTM）网络常用于序列预测领域，是 RNN 的一种变体；通过遗忘门、输入门、输出门对状态的影响，最终决定在每一个时间点要遗忘、记忆和输出的特征及程度，并将此状态一直传递下去，从而达到可以控制其不会忘记重要的长期信息，也不会过度重视短期的、不太重要信息的作用。RNN 在迭代后期会出现梯度消失问题，LSTM 网络通过门控制将短期记忆与长期记忆结合起来，在一定程度上解决了梯度消失的问题。卷积神经网络（Convolutional Neural Networks，CNN）常用于图像识别领域，通过卷积运算将输入图像低层级特征映射到高维特征空间中，基于池化（Pooling）运算保留图像的空间显著性特征，基于深度网络设计使其能处理更大规模的图像特征，进而提高了图像识别能力（见图 3-7）。深度学习与图模型结合形成了深度置信网络（Deep Belief Networks，DBN）、双向概率图模型、限制玻尔兹曼机（Restricted Boltzmann Machine，RBM）等方法，与特征学习方法结合形成了深度特征网络，如自编码器（Auto Encoder，AE）和变分自编码器（Variational Auto Encoder，VAE）等。

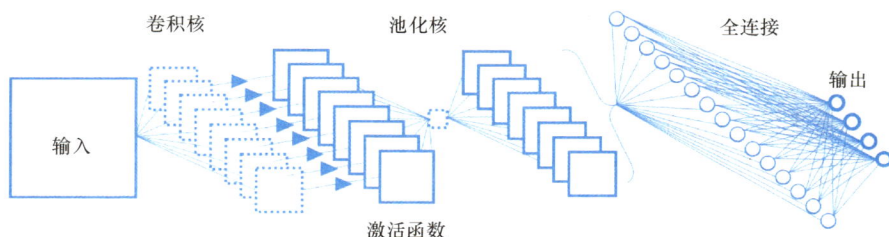

图 3-7　卷积神经网络模型架构示意图

深度强化学习综合利用了深度学习网络在高维特征空间的建模能力和强化学习的策略网络进行决策，在决策调度和优化配置等问题上取得了良好的效果。目前，伴随着深度学习已经在诸多领域取得了显著的研究进展，深度强化学习和深度无监督学习成为工程大数据机器学习领域的研究前沿。

在建立了工程大数据分析模型之后，需要对模型性能进行评估，从而确定模型的有效性、精度和泛化能力。工程大数据模型评估的一般过程为从已建立的工程大数据集中随机选取部分数据作为训练样本，另一部分数据则用于测试，保证训练得到的模型在未见到过测试集数据上的准确性，一般采用交叉验证法。交叉验证法将数据集划分为 N 份，随机选取其中的 N-1 份用于训练模型，其余 1 份用于测试，然后不断改变训练集和测试集，重复进行该过程，直到每个子数据集中的数据都被用于训练和测试模型。交叉验证法可以评估模型在不同子数据集上的稳定性，减少对样本选择的依赖，从而减小特殊样本和随机采样偶然性对模型的影响。

除了交叉验证法，还可以从原始数据集中采用有放回采样随机抽取多次的方法，每次随机抽取都会生成一个新的子数据集，原始数据集中的每个元素都可以被抽取多次或不被抽取。然后，采用这些子数据集进行模型的训练和测试。由于子数据集的构建过程完全基于随机抽样，因此每个样本都有可能出现在训练集和测试集中，这样同样可以减少模型训练对样本选择的依赖。

　　工程大数据模型评估是指通过多种指标来判断模型性能优劣的过程，常用的模型评估指标包括均方误差、均方根误差、平均绝对误差、交叉熵损失、全局精度、准确率、召回率、综合评价指标、混淆矩阵等。

　　误差度量是用来衡量工程大数据分类或回归模型预测结果与真实值之间差异的评价指标。采用恰当的误差度量方法可以准确地衡量机器学习模型的预测效果并指导模型优化方向，从而提高机器学习模型的准确性和可靠性。

1. 均方误差（Mean Square Error，MSE）

　　均方误差是最常用的回归误差度量方法，为模型预测值和真实值之差的平方和均值，计算公式如下：

$$MSE = \frac{1}{n} \sum_{i=1}^{n} (y_i - \hat{y_i})^2 \tag{3-7}$$

式中　n——样本数量；

　y_i、$\hat{y_i}$——第 i 个样本的预测值和真实值。

2. 均方根误差（Root Mean Square Error，RMSE）

　　均方根误差为均方误差的平方根，计算公式如下：

$$RMSE = \sqrt{\frac{1}{n} \sum_{i=1}^{n} (y_i - \hat{y})^2} \tag{3-8}$$

式中　n——样本数量；

y_i 和 $\hat{y_i}$——第 i 个样本的预测值和真实值。

3. 平均绝对误差（Mean Absolute Error，MAE）

　　平均绝对误差为预测值和真实值之差绝对值的均值，计算公式如下：

$$MAE = \frac{1}{n} \sum_{i=1}^{n} |y_i - \hat{y_i}| \tag{3-9}$$

式中　n——样本数量；

y_i 和 $\hat{y_i}$——第 i 个样本的预测值和真实值。

4. 交叉熵损失（Cross Entropy Loss，CEL）

　　交叉熵损失是常用于分类问题的一种误差度量方法，表示预测概率分布与实际标签概率分布之间的对数误差，计算公式如下：

$$CEL = -\frac{1}{n} \sum_{i=1}^{n} [y_i \cdot \log(p_i) + (1 - y_i) \cdot \log(1 - p_i)] \tag{3-10}$$

式中　n——样本数量；

　　y_i——第 i 个样本的真实标签（对二分类问题，正样本为 1，负样本为 0）；

　　p_i——第 i 个样本被预测为正样本的概率。

　　任意一个样本对应着四种不同的识别状态，分别是真阳性（True Positive，TP）、假阳性（False Positive，FP）、真阴性（True Negative，TN）和假阴性（False Negative，FN）。如果一个正样本的识别结果的确是正样本，那么该识别结果为真阳性；如果将正样本识别成了负样本，则为假阴性。类似地，如果一个负样本的识别结果的确是负样本，那么该识别结果为真阴性；如果将负样本识别成了正样本，则为假阳性。表 3-1 给出了任意一个样本对应的四种不同分类状态。

真实值	正样本	负样本
阳性样本	真阳性 True Positive（TP）	假阳性 False Positive（FP）
阴性样本	假阴性 False Negative（FN）	真阴性 True Negative（TN）

5. 全局精度（Global Accuracy）

全局精度指分类正确样本所占的比例。全局精度越高，模型的全局分类性能越好，计算公式如下：

$$Global\ Accuracy = \frac{TP + TN}{TP + FP + FN + TN} \tag{3-11}$$

6. 准确率或查准率（Precision）

准确率指阳性样本确实为正样本的比例，准确率越高，模型对正样本的分类准确性越好，计算公式如下：

$$Precision = \frac{TP}{TP + FP} \tag{3-12}$$

7. 召回率或查全率（Recall）

召回率指正样本被正确识别为阳性样本的比例，召回率越高，模型对正样本的遗漏程度就越低，计算公式如下：

$$Recall = \frac{TP}{TP + FN} \tag{3-13}$$

高准确率低召回率表明模型仅能正确识别部分正样本，虽局部表现良好但全局性能不足；而高召回率低准确率则反映模型对正样本具有较强的偏向性，易将负样本误判为正例。

8. 综合评价指标（F_1-score）

综合评价指标同时考虑了准确率和召回率的影响，可以衡量模型的整体准确性，计算公式如下：

$$F_1\text{-}score = \frac{2 \cdot Precision \cdot Recall}{Precision + Recall} \tag{3-14}$$

综合评价指标的取值范围为 0～1，准确率和召回率越高，模型的综合性能越好，F 综合评价指标越接近 1。

9. 混淆矩阵（Confusion matrix）

混淆矩阵是重要的大数据模型评估方法，用来度量模型的分类能力。混淆矩阵的行代表了每一类的真实数量或比例（真实值），列代表了每一类的预测数据或比例（预测值），具体形式为：

$$C = [c_{ij}], i, j = 1, \cdots, K \tag{3-15}$$

式中　C——混淆矩阵；

K——类别总数；

c_{ij}——将第 i 行代表的第 i 类样本分类成第 j 列代表的第 j 类样本的数量或比例。因此，混淆矩阵中的主对角线元素表示分类成功的数量或比例，其他非主对角线元素皆为错误预测。

例如，为了考察加速度异常数据诊断效果，如图 3-8 所示展示了 6 种不同异常模式的加速度时程数据诊断混淆矩阵。从基于实际真值进行评价的召回率来看，7 种数据模式（包括正常模式）都能被较好识别，召回率介于 89.4％～98.1％。从预测的角度看，"离群值"（76.8％）和"数据漂移"（57.1％）这两种异常模式的精度相对较低，对于"离群值"模式，超过 95％的误分类样本来自"正常"和"次小值"模式。对于"数据漂移"模式，超过 85％的误分类样本来自"趋势"模式。造成这一现象的可能原因是不同异常模式的数据量不平衡。

	1	2	3	4	5	6	7	
1	199405 61.6%	0 0.0%	7135 2.2%	1777 0.5%	1333 0.4%	165 0.1%	0 0.0%	95.0% 5.0%
2	1 0.0%	15304 4.7%	0 0.0%	74 0.0%	0 0.0%	246 0.1%	5 0.0%	97.9% 2.1%
3	2161 0.7%	0 0.0%	48336 14.9%	1141 0.4%	1590 0.5%	785 0.2%	39 0.0%	89.4% 10.6%
4	86 0.0%	18 0.0%	256 0.1%	10119 3.1%	22 0.0%	356 0.1%	102 0.0%	92.3% 7.7%
5	75 0.0%	0 0.0%	160 0.0%	39 0.0%	15172 4.7%	20 0.0%	3 0.0%	98.1% 1.9%
6	1 0.0%	0 0.0%	545 0.2%	18 0.0%	0 0.0%	14905 4.6%	912 0.3%	91.0% 9.0%
7	0 0.0%	0 0.0%	3 0.0%	4 0.0%	0 0.0%	47 0.0%	1415 0.4%	96.3% 3.7%
	98.8% 1.2%	99.9% 0.1%	85.6% 14.4%	76.8% 23.2%	83.7% 16.3%	90.2% 9.8%	57.1% 42.9%	94.1% 5.9%

Actual（纵轴） Predicted（横轴：1 2 3 4 5 6 7）

图 3-8　加速度异常数据诊断结果和实际异常数据的混淆矩阵
1—正常；2—数据缺失；3—次小值；4—离群值；5—超量程振荡；6—趋势；7—数据漂移

除了上述指标之外，还有很多其他评价指标可以用来评估模型性能，需要根据实际应用场景和任务需求选择合适的评价指标。在工程大数据建模分析过程中，采用实时数据分析和优化可以有效控制建模过程。对模型误差降低和准确率提高过程进行实时监控，可以有效发现模型表现不佳的情形，并且迅速采取措施消除程序缺陷或配置错误等问题，模型准确度也会相应提高。随着工程物联网的发展，对于实时数据分析和优化的需求也越来越高，可以采用基于流数据的分析技术（如 Storm、Spark Streaming 等）进行实时分析，并且通过即时反馈调整实现自动优化。

3.2.3　数据可视化

海量的工程大数据往往呈现为数字、图表和文本等形式。尽管这些信息本身是极有价值的，但无法直观、方便地对其进行理解和分析。数据可视化对于工程大数据分析十分重要，将多源数据转化成图像或图表的形式展示数据之间的相关关系和发展趋势，包括散点图、折线图、饼状图、条形图、热力图、概率分布图等呈现形式（见图3-9），进一步提高大数据分析的速度和准确性。

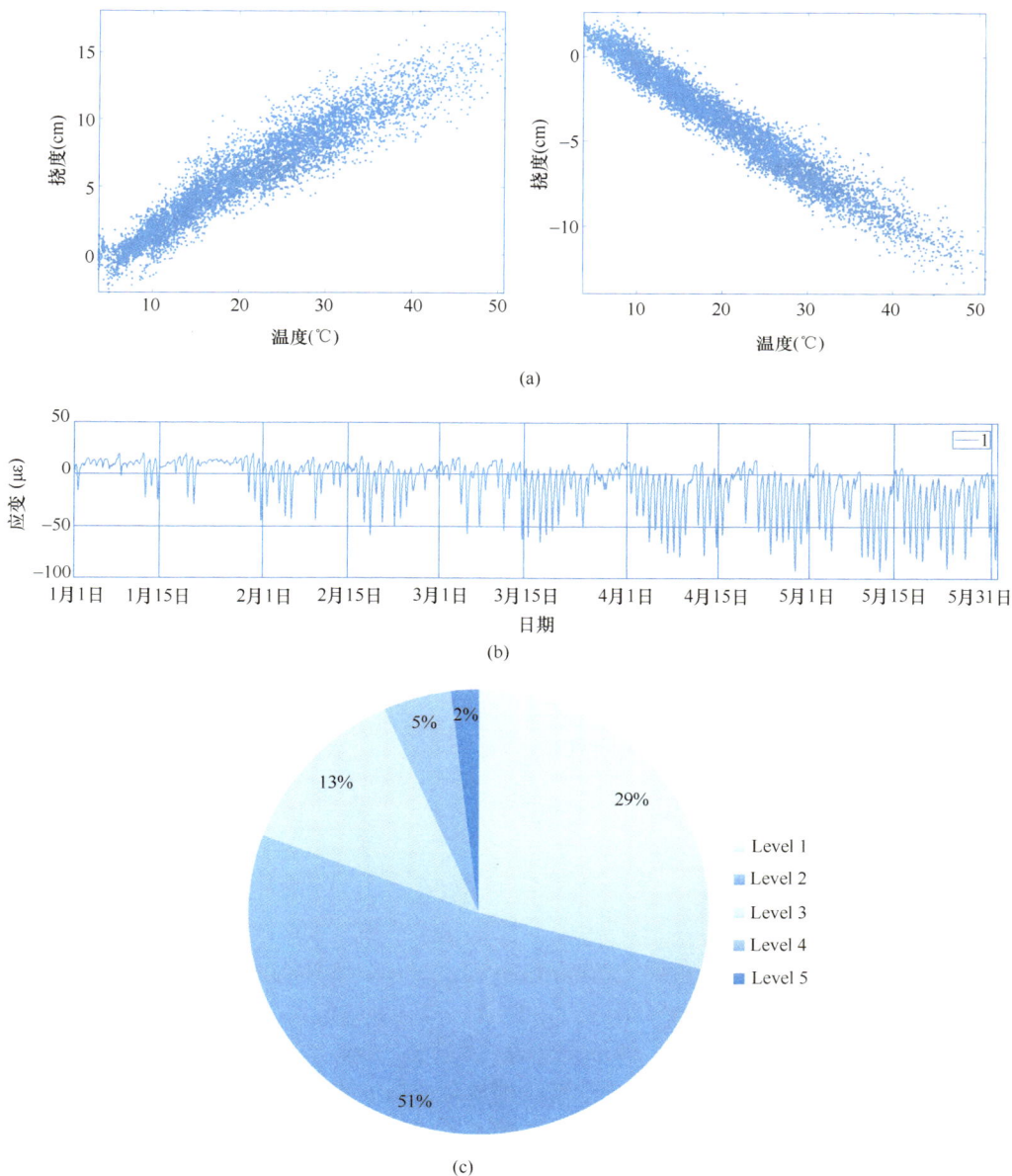

(a)

(b)

(c)

图 3-9　数据可视化示意图（一）

（a）挠度-温度散点图；（b）应变时程折线图；（c）裂缝长度分级饼状图

(d)

(e)

(f)

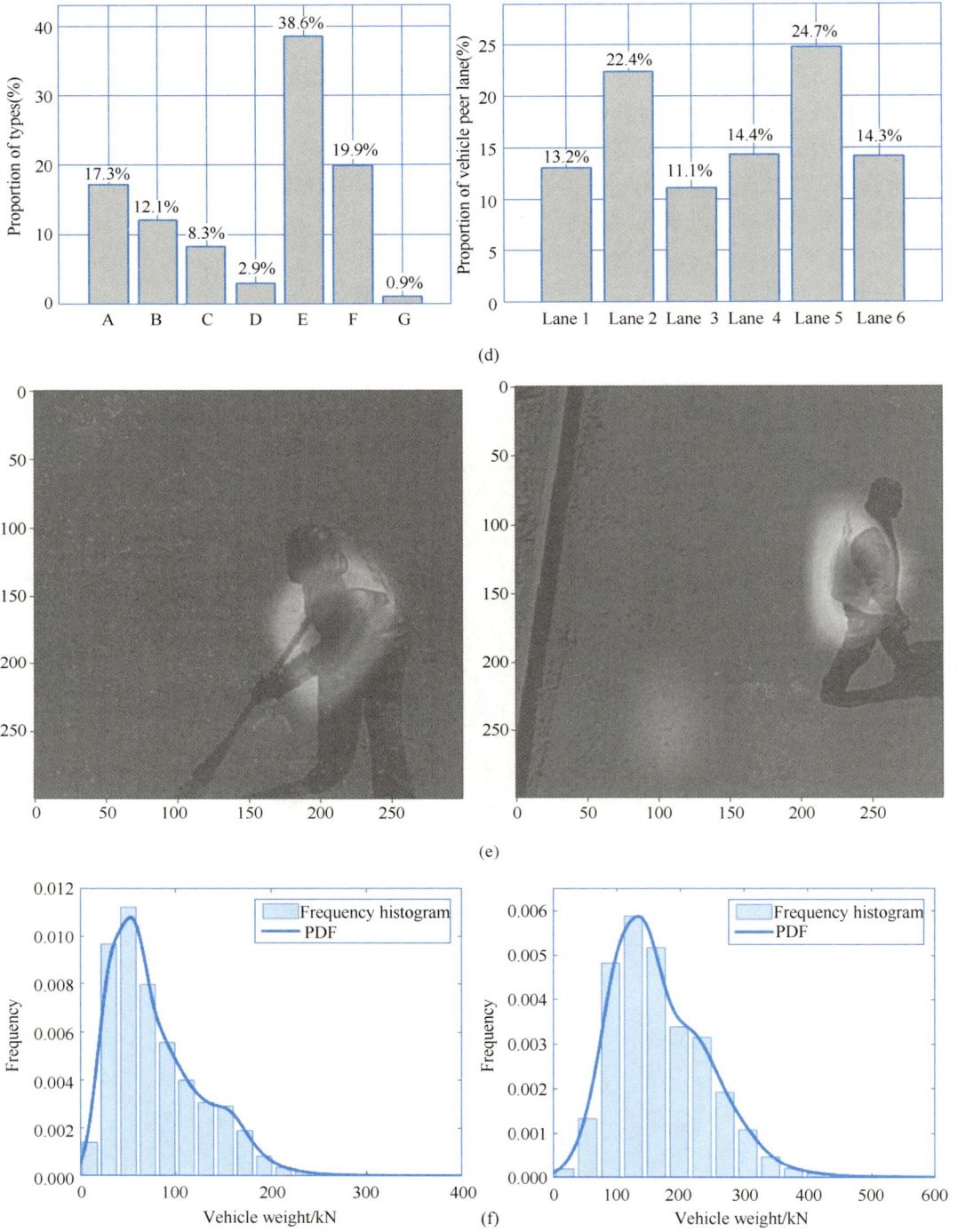

图 3-9　数据可视化示意图（二）

（d）车辆类型和空间分布条形图；（e）施工人员图像检测热力图；（f）车重概率分布图

1. 使用直观的图表展示数据特征

例如，当处理时间序列数据时，可以转化为折线图来显示其变化趋势，这对于异常数据分析和处理是非常有帮助的，充分利用了人脑视觉认识对图形信息的模式识别和特征提取能力。

2. 创建相互关联的图表

数据相关性的高效表达可以显著提高数据可视化的质量。例如，针对两个时间序列数据的差异对比问题，在横轴上绘制时间，在纵轴上绘制两者之值，便于对比和分析。

3. 高维特征空间可视化

除了上述直观地对数据本身进行可视化，在采用机器学习和深度学习方法对工程大数据进行建模分析时，可以将其在高维特征空间中的聚类模式通过可视化处理形象地表达出来。此外，也可以逐层、逐通道地将神经网络特征图按热力图的形式进行表达，分析网络模型的每一层级针对输入数据进行特征提取的局部区域及其相关性，进而挖掘机器学习和深度学习模型的工作机制。

4. 使用交互式可视化工具包

通过使用交互式可视化工具包，可以更加精细地探索数据特征。例如，在悬停数据点和单元格上时，可以弹出详细信息窗的选项卡、提供曲线拟合方式的下拉选项等。这些交互式工具包可以增加数据可视化的效率。

5. 避免过度的美化

数据可视化需要清晰、明确地展示出数据特征，但也要注意不要过度处理数据可视化图表的外观。数据可视化旨在简化次要信息、突出主要特征，而不是将精力用在图形表达的视觉适应性上。

综上，数据可视化作为工程大数据建模分析的重要环节，除了可以直观地展示数据特征，也可以帮助理解蕴含于数据之中的相关关系和潜在模式。

3.3 工程物联网应用过程中的数据安全

数据安全是工程物联网发展和应用过程中的关键。据 2018 年德国媒体报道称，由于亚马逊的人为错误导致德国一位 Alexa 智能音箱用户收到了 1700 份陌生人录音，仅凭这些信息可以"拼凑"出一个人的生活细节和个人习惯。此外，物联网设备受制于软件漏洞，一旦联网会被黑客利用，成为受控制的僵尸网络；智能网联车遭受远程攻击，不但威胁车辆信息安全，更直接威胁人身安全；智能电网等关键基础设施面临黑客组织定点攻击风险，造成巨大经济损失。因此，亟需加强工程物联网应用过程中的数据安全。

3.3.1 数据安全与信息安全

随着工业 4.0 时代的到来，工程物联网连接了现实物理世界中的众多设备和系统。工程物联网大数据来源于边缘泛在感知的设备终端，形成了庞大网络，实时传输海量数据和信息，所面临重要挑战之一就是工程物联网的数据安全与信息安全，包括数据隐私保护、数据质量保证、数据完整性检查、多方协同管理、身份认证、通信加密、网络安全防范、系统安全部署等方面。

1. 数据隐私保护

每个设备和系统都会产生自身专有的数据，同时包含着许多敏感信息，包括个人隐私、环境参数、设备性能等。因此，从数据采集、传输、分析再到最终的决策，所有环节都需要进行数据隐私保护。例如，对保护隐私位置进行身份匿名，常用的技术包括 K 匿名和数据混淆等。K 匿名的基本思想是让 K 个用户的位置信息不可分辨，可通过在空间上扩大位置信息的覆盖范围和在时间上延迟位置信息的发布节点来实现。数据混淆即保留身份，混淆位置信息中的其他部分，让攻击者无法得知用户的确切位置，可采用将精确位置扩大至附件区域的"模糊范围"、偏离精确位置的"声东击西"、引入语义词汇的"含糊其辞"等方式实现。

2. 数据质量保证

不同设备之间进行数据交换的实时性和数据传递的准确性决定了工作效率和安全风险，因此数据来源的准确性和可靠性是工程物联网数据安全的重要因素。

3. 数据完整性检查

由于工程物联网感知设备所采集的数据量十分庞大，采样频率高、工作时间长，如果数据完整性没有得到可靠的保护，那么就可能会产生恶意修改风险，因此需要进行数据完整性检查。

4. 多方协同管理

由于工程物联网中一般需要依靠不同的设备厂商和供应服务方来实现数据流的连接、对齐和交换，因此在数据管理方和供应商之间的数据交换需要考虑涉及数据安全的管理策略和共享准则。

工程物联网除了数据安全问题，还需要应对信息安全的挑战，主要涉及操作人员的身份安全和数据互操作的权限管理。

1. 身份认证

由于工程物联网中的设备数量和多样性，设备管理和身份监管变得十分棘手。为了确保管理人员、用户及其设备的安全，需要在所有接入工程物联网的设备之间建立一种标准化的身份认证模型。

2. 通信加密

考虑到工程物联网的大数据多样性和通信复杂性，需要进行端点验证和通信加密，防止入侵拦截等信息安全威胁。可采用基于密码学的安全机制（见图 3-10）：首先通过阅读器随机生成一个密钥 key，并计算 metaID＝hash（key）；然后阅读器将 metaID 写入标签，标签进入锁定状态，阅读器将（metaID，key）存储到数据库；当标签进入阅读器范围，阅读器以 metaID 为索引查找 key，并把 key 发送给标签；标签计算 hash（key），若与 metaID 相等则解锁，并把真实 ID 发给阅读器。

3. 网络安全防范

由于工程物联网是一个由许多不同设备终端和系统组成的网络，其中连接的设备数量繁多，整个网络发生故障的概率比传统网络更高，黑客更可能利用网络漏洞对工程物联网发起攻击。因此，网络安全是工程物联网数据安全与信息安全的重要组成部分。

4. 系统安全部署

工程物联网系统部署需要专业技能和经验对物理和逻辑环境中的问题进行处治，需要

图 3-10　基于密码学的通信加密过程示意图

安全、定期地进行系统测试、更新和升级。

3.3.2　工程物联网的数据安全对策

随着工程物联网技术的不断发展，数据安全愈加重要，如果不采取有效的安全措施，工程大数据可能会泄露或遭受破坏，从而对生产运营造成重大影响。因此，必须认真对待数据安全问题，并且采取一系列对策来保护工程大数据安全。

1. 强化身份认证

强化身份认证机制，严控工程物联网系统的准入权限，对保证系统信息安全具有重要意义。例如，采用多因素身份认证，包括用户名、密码、指令认证、安全密钥、指纹、掌纹、虹膜、声纹、人脸识别、结构光、动作识别等。

2. 加强访问控制

除了身份认证之外，还需要对用户的访问权限进行严格控制，避免对系统的恶意篡改和威胁。例如，在用户访问系统时，采取角色权限分配策略，只有拥有特定权限的用户才可进行敏感性或覆盖性操作。

3. 数据加密传输

采用加密方法保证数据传输安全，避免在数据传输过程中通过数据包获取敏感信息或对数据进行篡改。例如，在工程物联网系统中，使用 SSL 或 VPN 等加密技术，确保数据在传输时不易泄露或被攻击。

4. 及时更新补丁

工程物理网管理系统及其应用程序中的漏洞可能会被黑客利用进而入侵系统，因此及时更新系统补丁非常重要。例如，目前很多系统或软件厂商都会及时发布不同版本的补丁来修复系统漏洞，应及时进行更新。此外，定期的安全审查也可帮助找到工程物联网系统中的潜在漏洞，采取相应的措施进行修复。

5. 合理备份数据

数据备份也应考虑到攻击泄露风险，因此备份数据也需要进行加密，并且保证存储安全。此外，为了确保数据不会在备份过程中丢失或受损，需要采用可靠的备份工具进行定期测试和验证。数据备份可以增强数据稳定性，不会因某些原因造成原始数据错误或丢失，一般通过冗余备份、实时监控和修复机制来实现。

6. 增强系统稳定性

增强系统稳定性意味着工程物联网能够在长时间内保持连续运行而不会发生崩溃或运行缓慢等情况。

3.3.3 工程物联网的数据安全技术

随着工程物联网技术的大范围应用，数据安全技术已经成为研究前沿和热点问题。工程物联网系统信息安全实行分级管理和分工负责，由系统建设单位提出系统安全总体要求，系统设计实施单位负责监测系统等确保信息安全建设，从物理层、网络层、系统层、数据权限、数据库等方面对系统网络信息安全进行详细设计，采用集中管控、用户识别、访问控制、安全审计等措施确保系统合规。

1. 访问控制技术

访问控制技术是指通过权限管理来限制某些用户对特定数据的访问权限，常用来帮助保障工程物联网的数据安全。目前，常见的访问控制技术包括基于账号密码和基于生物特征的身份验证系统。基于账号密码的访问控制方式需要用户输入正确的账号和密码来访问数据，但也容易被破解或者被钓鱼攻击。基于生物特征的身份验证系统采用指纹、掌纹、虹膜、声纹、面部、结构光、动作等人体特征来识别用户身份，并且赋予相应的访问权限。相比较于传统的账号密码模式，基于生物特征的身份验证系统更加安全，也可以进行多层级、多因素的交叉认证。

工程物联网系统软件需要设置基于角色的用户权限管理模块，能够通过角色实现界面权限和数据权限的授权访问；具备用户登录密码复杂性校验功能，定期提示用户更换密码；内置超级管理员用户，具备密码重置及用户名单查询与导出功能；设计安全加密和分级授权策略，保证系统访问安全；具备完善的日志记录功能，能够自动记录用户登录、操作行为、配置变更及安全事件等关键信息，支持后续的统计分析与操作追溯；采用用户标识和鉴定、数据存取控制、视图机制、数据审计、异地备份等方式保证数据库系统安全。

2. 数据加密技术

对于工程物联网的数据传输，特别需要考虑数据加密。数据加密技术可以有效地保护数据的机密性，确保未经授权者无法访问数据内容。目前应用较为广泛的加密技术包括对称加密和非对称加密。对称加密是指发送方和接收方使用相同的密钥进行加密和解密操作，是比较常见的加密方式之一，其缺点是密钥容易被破解，因此需要使用更加复杂的加密算法进行数据保护。非对称加密又被称为公钥加密，采用一对不同的密钥（公钥和私钥），其中公钥是公开的，而私钥只有接收方掌握，如此可以更好地保证数据安全性。工程物联网数据通过互联网传输时，可以采用通过传输加密和身份认证的协议，并在数据交换时采用动态密钥进行权限身份认证。

3. 监测报警技术

监测报警技术是指在异常情况发生时能够及时、准确地发出系统警报，可以在数据被拦截或者篡改时进行技术检测和提醒。目前，常见的监测报警技术包括网络防火墙、入侵检测和反病毒木马软件等。网络防火墙是指通过规则过滤网络流量来控制网络访问，入侵检测可以及时发现并报告恶意入侵行为，反病毒木马软件可以保障系统免受病毒攻击和后台木马等安全威胁。通过部署防火墙，构建核心应用层与互联网的安全隔离带，同时强化应用服务器的安全防护体系，有效拦截木马病毒传播。各应用服务器、工作站应安装防病毒软件、网络防火墙、安全审计系统等软硬件设备以保证系统运行安全。建立完善的网络安全应急工作机制，当发生网络攻击、病毒入侵等事件时应能够有效处置应对。

4. 备份加密技术

数据备份地点最好选取在离原始数据源较远、不同地理位置的媒体设备上，以减少如火灾、洪水等各种自然灾害风险，并设置灾备机制对关键数据进行定期异地备份。

建立完备的物理安全保障措施，配备消防设施、防雷击和电磁干扰设备、视频安防和门禁系统，并配备恒温空调和 UPS 设备保证温湿度环境及供电要求。

按照功能合理划分安全域，包括数据存储域、数据处理域、应用服务域和工作域，各安全域之间应能够进行有效隔离。通常将备份数据转储到另一个物理位置或云存储中。

备份数据加密可以结合硬件和软件双重加密，并且进行周期性备份，以确保备份数据的及时更新。除了数据备份，工程物联网系统还需要具备故障恢复功能，对于故障支持自动和手工操作进行故障恢复。

5. 联邦学习技术

联邦学习是一种分布式机器学习方法，允许多个智能体融合数据进行模型训练（见图 3-11）。与集中式机器学习不同，联邦学习在模型训练过程中不需要把全部数据集中到一个统一集合中，因此不会暴露单体数据源的隐私信息。然而，联邦学习也会遇到数据安全问题。当各个智能体之间进行数据共享时，恶意攻击者可能会试图入侵其中一个智能体，并通过其获取数据，进而导致整个联邦学习系统的崩溃。

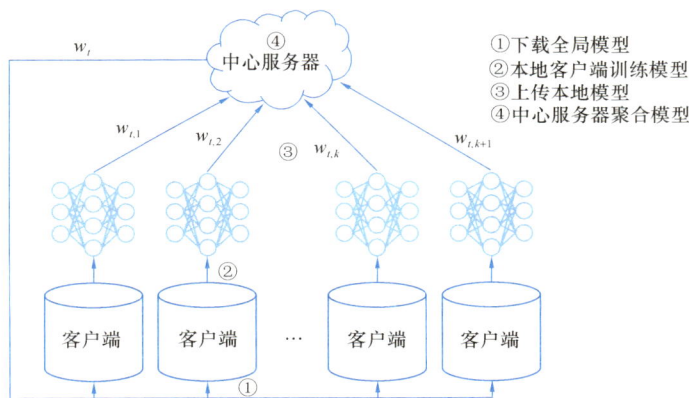

图 3-11　联邦学习过程示意图

因此，在联邦学习中引入非对称加密技术，每个智能体都赋予一个公共密钥和一个私有密钥。首先，在数据通信过程中，只有使用了正确的私有密钥才能解密该智能体的数据，进而有效地保护各个智能体的数据私密性。其次，每个智能体之间需要建立可靠的连接，所有数据通信都需要经过安全通道，并进行数据验证和访问控制，从而保证终端之间所交换的信息均是真实有效且未被篡改的。再次，使用安全计算技术进一步减少数据泄露风险，通过对数据进行随机分割和组合，隐藏部分数据特征，保证敏感数据不会被泄露。最后，需要建立强有力的安全策略、流程和标准，并定期审查这些措施的有效性，保护联邦学习系统免受攻击和泄露。

联邦学习可以分为横向联邦学习、纵向联邦学习和联邦迁移学习。横向联邦学习采用基于样本的分布式模型训练策略。首先将全部数据分发到不同的客户端，每个客户端从服务器上下载共同的模型到本地，并利用客户端的本地数据进行训练；然后各个客户端给服务器返回需要更新的模型参数，服务器聚合从各个客户端返回的参数更新模型，再把最新的模型反馈到每个客户端。在横向联邦学习的过程中，每个客户端从服务器上下载的都是相同且完整的模型，并且客户端之间不交流、不依赖，并进行独立预测。例如，谷歌最初就采用了横向联邦学习的模式来解决安卓手机终端用户的本地模型更新问题。

纵向联邦学习的应用场景为在数据集上具有相同样本空间、在特征集上具有不同特征空间的参与方。纵向联邦学习的训练过程一般由两部分组成：加密实体对齐和加密模型训练，即首先对齐具有相同 ID、但分布于不同参与方的实体，然后基于这些已对齐的实体进行加密的（或隐私保护的）模型训练。例如，A 方和 B 方公司的用户群体不同，服务器采用一种基于加密的用户 ID 对齐技术，确保 A 方和 B 方不需要暴露各自的原始数据便可以对齐共同用户，在加密实体对齐过程中，服务器不会将属于某一家公司的用户暴露出来。在确定共有实体后，各方使用这些共有实体的数据来协同地训练模型。首先，由协调者 C 方创建密钥对，并将公共密钥发送给 A 方和 B 方，A 方和 B 方对用来帮助计算梯度和损失值的中间结果进行加密和交换，分别计算加密梯度和加密损失并加入附加掩码。然后，A 方和 B 方将加密的结果发送给协调者 C 方，C 方对梯度和损失信息进行解密，并将结果发送回 A 方和 B 方。最后，A 方和 B 方解除梯度信息上的掩码，并根据这些梯度信息来更新模型参数。

联邦迁移学习的应用场景为不同参与者之间的样本和特征重叠都较少的情况，主要以深度神经网络为基础模型。迁移学习是指利用数据、任务或模型之间的相似性，将在源领域学习过的模型，应用于目标领域的学习过程。联邦迁移学习的步骤与纵向联邦学习相似，只是中间传递结果不同。整个联邦迁移学习过程是利用 A 方和 B 方之间的共同样本来学习两者各自的特征不变量表示，同时利用 A 方的样本标签和 A 方的不变量特征学习分类器。在这个阶段中，联邦体现在 A 方和 B 方可以通过安全交互中间结果共同学习一个模型，迁移体现在 B 方迁移了 A 方的分类能力。在预测时，B 方的特征不变量表示依赖于由 A 方的特征不变量表示和 A 方的样本标签所组成的分类器，因此和纵向联邦学习一样都需要两者协作来完成。

6. 数据接口技术

工程物联网系统与其他业务系统进行数据交换共享的，需要采用数据接口服务的方式；有网络隔离要求的，采用中间存储介质的方式进行数据交换。数据交换接口设计充分考虑各子系统运行稳定性要求，采取必要的权限验证和安全管理措施保证数据的安全性。IPSec 协议和 SSL 协议是目前主流的两种 VPN 网络加密协议，SSL 主要用于单点接入网络，IPSec 主要用于网络与网络之间的互联，实际使用时需要根据网络传输要求选用相应的 VPN 加密协议。工程物联网系统接入其他平台时，可以采用基于 IPSec 协议或 SSL 协议建立 VPN 专用网络连接，并满足平台对于网络安全等级保护的基本要求。

7. 数据传输技术

工程大数据的传输设施需要高效、可靠、稳定地长时间运行，平均故障间隔时间、平均 IP 包传输时延和 IP 包丢失率需要满足特定场景需求。其中，平均 IP 包传输时延（Mean IPTD）是指一个数据流中所有 IP 包传输时延的算术平均，IP 包丢失率（IPLR）是指丢失的 IP 包传送结果与所有 IP 包的比值。

工程大数据的数据传输协议和数据交换标准需要统一设计，与外部系统之间数据交换以数据服务接口形式，采用消息认证、数字签名等技术保证数据传输的完整性、实时性、安全性和鲁棒性。

8. 数据存储技术

工程大数据需要根据重要程度、使用频率和数据量大小进行分类分级存储管理，存储方式分为在线存储和离线存储。直连式存储（Direct Access Storage，DAS）模式下存储设备直接连接于主机服务器的存储方式，每一台主机服务器都有独立的存储设备（即服务器磁盘），是一种结构简单、成本较低的存储模式。存储区域网（Storage Area Network，SAN）通过高速光纤通道交换机连接存储阵列和服务器主机，组成专用存储网络。SAN存储模式具有存储容量大、存取速度快、安全性高等特点，适用于大数据量、关键数据的存储。规模较小的数据类型选用DAS直连式存储模式，对数据存储容量大、数据可靠性和安全性要求较高的数据类型选用SAN存储区域网模式。在线存储空间需要满足原始数据和处理后的特征数据的存储年限要求，超过时限的数据可以转存至低成本的离线存储介质上。视频数据存储宜采用循环更新存储方式，突发事件视频则需要转移备份存储。云存储方案需要综合考虑网络带宽、存储容量、数据应用、数据安全等要求。数据存储同样需要具备容灾备份机制，并具备数据压缩存储和异地备份功能，对关键数据定期进行异地备份。

本章小结

随着新一代信息技术的不断发展，工程物联网技术的应用为工程大数据分析挖掘奠定了基础。从数据源格式区分，工程大数据包括传感器时序数据、设备状态数据、图像视频数据、文本报告数据等。从数据格式区分，工程大数据包括结构化数据和非结构化数据及半结构化数据，并可根据应用场景采取相应方法进行转换。工程大数据具有多源复杂性、多元化、海量性、高度异构性、多模态性、高速实时性、高可靠性和高可用性、精度非一致、粒度不均匀、数量不平衡等特征。

工程大数据分析包括数据预处理、数据建模与模型评估、数据可视化等方面。工程大数据预处理包括数据清洗、数据转换、数据变换、特征选择等。常用的工程大数据建模分析方法有回归分析、分类、聚类、降维、机器学习和深度学习等方法。常见工程大数据模型评估指标包括均方误差、均方根误差、平均绝对误差、交叉熵损失、全局精度、准确率、召回率、综合评价指标、混淆矩阵等。

工程大数据来源于边缘泛在感知的设备终端，形成了庞大网络，实时传输海量数据和信息。工程物联网的数据安全与信息安全可以通过访问控制、数据加密、监测报警、备份加密、联邦学习以及数据接口、传输、存储等方面进行综合控制。

思考题

1. 工程大数据包括哪些来源、类型和格式？
2. 工程大数据具有哪些典型特征？其原因分别是什么？
3. 工程大数据的数据同化包括哪些内容？

4. 如何实现工程大数据的有效融合？

5. 工程大数据分析包括哪些主要步骤？

6. 工程大数据分析主要包括哪些算法或模型？

7. 工程大数据机器学习和深度学习有什么联系和区别？

8. 工程大数据分析的误差度量主要有哪些指标？分别如何计算？

9. 工程大数据通信加密中基于密码学的安全机制是如何工作的？

10. 工程物联网应用过程中的数据安全一般采用哪些方法进行保障？

参考文献

［1］ 李惠，鲍跃全，李顺龙，等. 结构健康监测数据科学与工程[J]. 工程力学. 2015，32(8)：1-7.

［2］ 鲍跃全，李惠. 人工智能时代的土木工程[J]. 土木工程学报. 2019，52(5)：1-11.

［3］ Spencer B F Jr，Hoskere V，Narazaki Y. Advances in computer vision-based civil infrastructure in-spection and monitoring[J]. Engineering. 2019，5(2)：199-222.

［4］ Bao Y Q，Chen Z C，Wei S Y，Xu Y，Tang Z Y，Li H. The state of the art of data science and engi-neering in structural health monitoring[J]. Engineering. 2019，5(2)：234-242.

［5］ Bao Y Q，Li H. Machine learning paradigm for structural health monitoring[J]. Structural Health Monitoring. 2021，20(4)，1353-1372.

［6］ 徐阳，金晓威，李惠. 土木工程智能科学与技术研究现状及展望[J]. 建筑结构学报. 2022，43(9)，23-35.

［7］ Xu Y，Qian W L，Li N，Li H. Typical advances of artificial intelligence in civil engineering[J]. Ad-vances in Structural Engineering. 2022，25(16)：3405-3424.

［8］ 中华人民共和国交通运输部. 公路桥梁结构监测技术规范，JT/T 1037—2022[S]. 北京：人民交通出版社，2022.

［9］ Bishop C M. Pattern recognition and machine learning[M]. Springer，2006.

［10］ Lecun Y，Bengio Y，Hinton G. Deep learning[J]. Nature. 2015，521(7553)：436-444.

［11］ Krizhevsky A，Sutskever I，Hinton G E. Imagenet classification with deep convolutional neural net-works[C]. Proceedings of the Advances in Neural Information Processing Systems. 2012：1097-1105.

［12］ Silver D，Huang A，Maddison C J，et al. Mastering the game of Go with deep neural networks and tree search[J]. Nature. 2016，529(7587)：484-489.

［13］ Farrar C R，Worden K. Structural Health Monitoring：A Machine Learning Perspective[M]. John Wiley & Sons，Ltd，2012.

［14］ Zhao J，Hu F Q，Xu Y，Zuo W M，Zhong J W，Li H. Structure-PoseNet for identification of dense displacement and three-dimensional poses of structures using a monocular camera[J]. Computer-ai-ded Civil and Infrastructure Engineering. 2021，37(6)，704-725.

［15］ Zhang Z K，Cho M C Y，Wang C W，Hsu C W，Chen C K，Shieh S. loT security：ongoing challen-ges andresearch opportunities[C]. In 2014 IEEE 7th International Conference on Service-Oriented Computing and Applications，230-234，IEEE.

［16］ 张艳艳. "联邦学习"及其在金融领域的应用分析[J]. 农村金融研究，2020，(12)：52-58.

第2篇 智能工地概述

　　智能工地是工程建设领域践行"互联网＋"理念的具体体现。智能工地依托移动互联网、物联网、云计算、人工智能等新一代信息技术，打造工程现场一体化管理模式。实时监控工程施工现场生产进度、设备、人员、绿色施工（"四节一环保"）等方面的动态信息，逐步改变传统工程施工参建各方现场管理的工作方式、交互方式和管理模式。

　　围绕工程施工现场"人、机、料、法、环"各个模块，智能工地基于平台的统一入口集成各应用子系统，实现工程施工现场单个板块的信息化。同时，通过与平台的互联互通，实现数据的集成、整合与分析，为管理人员提供更智能的决策支持。智能工地云平台整合硬件设备，打造施工过程管理、互联协同、安全监控体系，并依托数据挖掘分析提供决策支持，实现更安全、更高效、更精益的工程施工管理。智能工地管理平台通常由电脑端 Web 平台和移动端 APP 组成，为政府主管部门和施工单位提供多功能、一站式智能工地服务。

智能工地

知识图谱

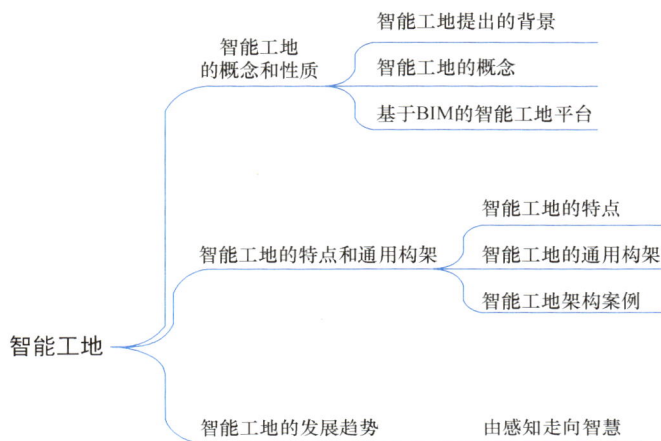

智能工地

- 智能工地的概念和性质
  - 智能工地提出的背景
  - 智能工地的概念
  - 基于BIM的智能工地平台
- 智能工地的特点和通用构架
  - 智能工地的特点
  - 智能工地的通用构架
  - 智能工地架构案例
- 智能工地的发展趋势
  - 由感知走向智慧

本章要点

知识点1. 智能工地的概念与发展背景。

知识点2. 智能工地的核心技术和特点。

知识点3. 智能工地与传统工地管理模式的区别。

知识点4. 智能工地的整体架构和发展趋势。

学习目标

（1）理解智能工地的定义、发展背景和核心技术。

（2）掌握智能工地与传统工地的区别，理解智能工地的优势。

（3）了解智能工地的整体架构和发展阶段。

4.1　智能工地的概念和性质

改革开放以来，我国建筑业实现了快速发展，建造能力持续提升，体量不断增大，逐渐成为国民经济的重要支柱。然而，行业整体仍延续着高度分散且粗放的传统建造模式。新型城镇化进程的加快凸显了行业生产和管理水平与现代化发展需求之间的显著差距。传统建造模式已难以适应可持续发展的时代要求，亟需借助以新一代信息技术为核心的现代科技手段，推动行业迈向高质量和可持续的发展轨道。"智能建造""智能工地"等概念应运而生。

2022 年 2 月，国务院办公厅印发了《质量强国建设纲要》，提出今后促进发展的总体思路，并明确指出推进建筑产业现代化，其核心是借助工业化思维，推广智能与装配式建筑，推动建造方式创新，提高建筑产品品质；同年 3 月，住房和城乡建设部印发《"十四五"住房和城乡建设科技发展规划》，旨在阐明"十四五"时期建筑业发展目标和主要任务。该规划明确将业态创新作为重点发展方向，着力培育新兴建筑服务业态，发展基于"互联网＋"的新型工程承包模式。同时，规划将 BIM 技术应用列为行业技术升级的核心目标之一，强调要全面推进 BIM 技术在项目全生命期中的融合应用，涵盖规划设计、施工建造到运营维护各环节。

智能工地综合运用传感器网络、机器视觉识别、激光扫描等技术，对人员、机械、材料、环境等关键要素进行全方位监测和数据采集。依托光纤、5G 通信等高速传输网络，实现工程数据的高效互联互通。在此基础上，通过云计算平台的大数据分析、边缘计算的实时处理，结合 BIM、数字孪生等数字化技术，以及虚拟现实（VR）和增强现实（AR）可视化交互手段，实现对施工现场的精准管控。这种创新管理模式打破了传统工程管理的信息壁垒，显著提升了信息传递效率和决策响应速度，助力行业的持续健康发展。

4.1.1　智能工地的概念

智能工地是智慧理念在工程领域的体现。总体而言，智能工地将 AI、机器人及"互联网＋"等相关理念和技术引入工地现场，从现场源头抓起，打通从现场执行到远程管控的数据链条，推动人员管理、安全生产、环境监测、物资调度等核心业务向网络化、智能化转型。同时，通过部署建筑机器人、智能装备等自动化技术，结合 AI 算法实现智能规划、自主作业和实时优化，使新一代信息技术在工程建设领域得到深度应用。

下面将从智能工地的技术、核心、特征和目的等四个方面来阐释"智能工地"的内涵：

（1）技术创新是智能工地发展的关键支撑。近年来，随着智能工地建设的深入推进，各类新兴技术不断取得突破。工程物联网、5G 通信、VR/AR、BIM 以及云计算、工程大数据等技术快速发展，通过数字化手段有效弥补了传统人工管理的局限性。从技术本质来看，智能工地深度融合了物联感知、互联传输和智能处理等技术，实现了从单点智能到整体协同、从终端采集到云端决策的技术跃升，标志着行业信息化发展进入新阶段。

（2）物联智能是智能工地的中枢神经。智能工地通过智能终端实现施工数据的实时采集、智能分析和风险预判，改变传统工地"人海战术"的管理模式，解决企业与现场之间监管半径大、管理效率低等问题。各类智能终端设备如同神经末梢，赋予人员、机械、材料等要素数字化感知能力，打造人与物、物与物互联互通的工地现场。

（3）智能工地的特征体现在三个维度：全面感知、泛在互联和深度智能。通过传感设备，构建起覆盖人员、机械、材料、环境的立体化感知网络；基于网络传输技术，建立"端-边-云"协同的传输体系；运用 AI、工程大数据、数字孪生等技术，加强虚拟与现场工地的动态交互。

（4）智能工地的目的是推动建筑业高质量发展。通过构建全面感知、泛在互联、深度智能的现代化管理体系，实现施工各环节的信息共享和业务协同，从而优化资源配置、提升工程效率、促进绿色施工，帮助项目各参与方做出更加科学、精准的决策。

4.1.2　基于 BIM 的智能工地平台

智能建造和智能工地是联系紧密的两个概念，智能建造是指以智能技术为核心的现代信息技术与以工业化为主导的先进建造技术的深度融合，通过全流程数据赋能工程勘察、设计、生产、施工和交付全过程，实现建造过程的自感知、自学习、自决策、自控制。智能建造包括了从设计到施工以及后期管理的全过程生产组织形式，是人机共融协作完成复杂建造任务的新型建造模式，为智能工地的施工提供便捷手段。

BIM 是智能建造领域的重要工具。BIM（Building Information Modeling）即建筑信息模型，其概念可追溯到 Charles Eastman 教授于 1975 年提出的建筑描述系统（Building Description System）。该系统提供了一种基于计算机的建筑描述方式，以便于实现建筑工程的可视化和量化分析，提高工程建设效率。2002 年，Jerry Laiserin 对 BIM 的内涵和外延进行界定，使得 BIM 得到了学术界与业界的广泛关注。随后，各工程软件企业也推出了一系列 BIM 软件，进一步促进 BIM 实现更大范围的推广与应用，并掀起了建筑业的第二次信息革命。近年来，BIM 技术在世界各国普及应用，创造了显著的应用价值和效果。

BIM 利用数字技术为模型提供完整的、与实际情况一致的构件库，其中不仅包含构件的几何信息、专业属性及状态信息，还涵盖非构件对象（如空间、行为）的相关状态信息，为项目各参与方提供能够开展设计、分析与管理决策的协作平台。我国《建筑信息模型应用统一标准》GB/T 51212—2016，将 BIM 定义为在建筑工程及设施全生命期内，对其物理和功能特性进行数字化表达，并依此设计、施工、运营的过程和结果的总称。美国国家 BIM 标准《National BIM Standards》将 BIM 定义为：1）一个建设项目物理和功能特性的数字表达；2）一个共享的知识资源，能够分享有关这个项目的信息，为从概念设计到拆除的各种决策提供可靠依据；3）在项目不同阶段，不同利益相关方通过在 BIM 中插入、提取、更新和修改信息，能够支持协同作业。

总的来说，BIM 主要包括以下四个方面的特征：

（1）信息集成。BIM 的核心在于整合工程建设项目全生命期的各类数据，如几何信息、物理属性、成本数据等。通过建立统一的、包含完整工程数字信息的模型，BIM 能够推动整个项目的数字化管理进程。

（2）可视化。BIM 将设计方案转化为三维数字模型，使项目各参与方能够直观地了解建筑构件的组成和空间关系，从而更准确地理解设计意图，减少沟通中的信息偏差。

（3）模拟性。BIM 的模拟优化功能主要体现在方案优化、设计优化和施工优化等方面。BIM 可进行碰撞检测、场景模拟（如日照分析、能耗模拟、疏散模拟等），从而优化工程设计。在施工阶段，通过关联 BIM 与多维数据，可实现 4D 进度管理、虚拟施工以及 5D 成本-进度模拟，提升施工管理效率。

（4）协调性。在工程设计阶段，BIM 模型整合了建筑、结构、机电等多专业数据，各专业设计人员在统一的协同环境中工作，确保设计的准确性和合理性。在施工阶段，借助统一的管理平台，项目各方能够高效协调现场进度、资源配置等，并协调施工过程中的错误和冲突，及时发现并解决问题。

针对智能工地，研究人员归纳了 BIM 技术在智能工地上的落地形式，有助于解决各传统业务部门之间数据不通、沟通效率低等问题。基于 BIM 的智能工地实施框架如图 4-1 所示。

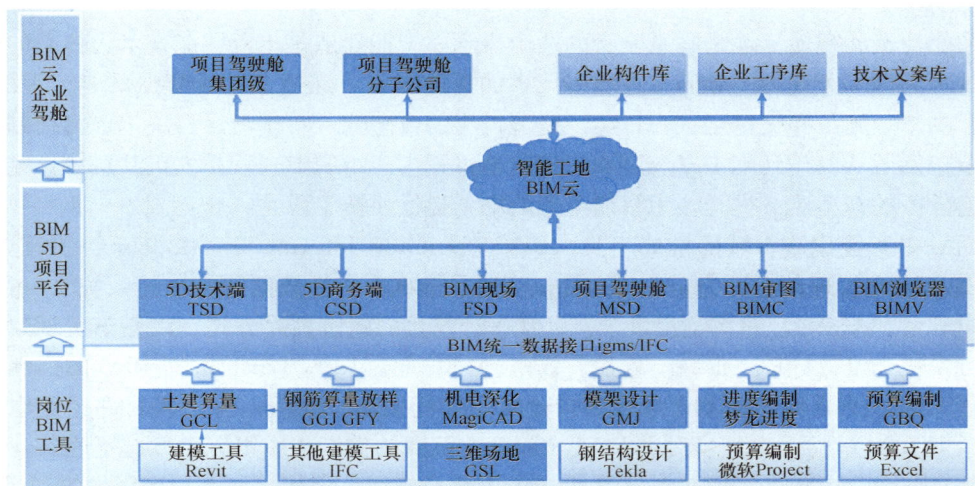

图 4-1　基于 BIM 的智能工地实施框架

4.1.3　智能工地的性质

智能工地的发展与应用离不开施工信息化和智能化技术的发展，可以分为初级、中级和高级三个阶段：

（1）初级阶段。企业和项目开始尝试整合应用 BIM、工程物联网、移动通信、云计算、AI 以及机器人等技术，并初步收集行业、企业和项目层面的相关数据。此阶段尚未形成数据驱动管理的成熟条件。

（2）中级阶段。多数企业和项目已熟练掌握 BIM、工程物联网、移动通信、云计算、AI 以及机器人等技术的综合应用，并积累了一定的实践经验。行业、企业和项目的数据储备已达到一定规模，逐步将工程大数据驱动的管理方法应用于实践。

（3）高级阶段。在技术层面，BIM、工程物联网、移动通信、大数据、云计算、AI 以及机器人等技术的融合应用已成为行业常态；在管理层面，依托高度集成的信息管理平台和基于工程大数据的深度学习系统，全面实现"追溯"工地历史、"掌握"工地现状、"预测"工地未来的智能化目标。针对已发生或潜在问题，能够制定科学决策和应对策略。

按照相关技术的发展轨迹，智能工地还可以分为感知、替代和智慧三个阶段：

（1）感知增强阶段。通过 AI 延伸人类感知范围，强化认知能力，并提升特定技能水平。具体表现为：利用工程物联网监测机械运行状态和施工人员安全行为，运用辅助系统提高施工人员操作能力。当前智能工地建设主要集中在这一发展阶段。

（2）功能替代阶段。运用 AI 部分取代人工，完成传统作业中难以实现或高风险的工作任务，加强特定施工场景中的自动化作业水平。此阶段需要明确应用场景边界，预设实现路径和技术条件，并在严格限定的范围内实施智能化替代。

（3）智慧决策阶段。相比功能替代阶段实现质的飞跃。此阶段将人类思维模式深度植入计算机系统，使其不仅能完成大量工作任务，还具备自主分析判断能力，推动施工作业向更高水平的智能化迈进。

虽然目前智能工地还处于初级阶段，但随着相关技术的开发与应用，已给工程施工现场和企业管理带来巨大便利。智能工地的建设具有重要意义：

（1）提高管理决策效能。智能工地系统通过数字化手段实现"数字孪生"，将工程施工现场的人、机、料、法、环等要素全面数字化。管理人员借助传感网络实时获取现场动态数据，依托智能分析快速生成决策依据，显著提升管理响应速度。

（2）打通信息化管理"最后一公里"。智能工地可以作为建筑企业信息化网络的末端神经元，其捕获的项目管理信息可以使企业跨越空间限制实时掌握工程施工现场情况与项目管理信息和管理动态，为企业管理提供实时、准确的一手数据与资料。

（3）实现成本精细管控。通过部署智能化设备和信息化系统，在减少管理人员配置的同时提升管理效能。通过全天候智能监测，能够及时发现并预警潜在风险，有效规避可能造成的经济损失，同时基于全过程数据记录实现问题的精准溯源。

（4）推动管理模式升级。智能工地技术应用促使项目管理向"扁平化"转变，大幅压缩中间管理层级。相比于传统等级式管理，扁平化管理方式灵活，不仅让基层执行者拥有充分自主权，也让高层管理拥有对基层执行者/管理人员最直接的监督与管理。

4.2 智能工地的特点和通用构架

4.2.1 智能工地的特点

与传统工地相比，智能工地具有感知更准确、互联互通更高效、决策支持更智能的特点，具体如下：

（1）更精准的感知。当前，工程管理信息化与智能化发展的关键瓶颈之一在于工程信息的缺失与失真，导致高层级管理决策缺乏可靠的信息支撑。为此，智能工地需优先实现对工程信息的高质量感知。所谓"更精准"，体现在信息获取的广度与深度同步提升：在广度上，需覆盖各类主体、各个建设阶段以及多种管理对象；在深度上，则要求对多样载体、复杂类型和动态过程中的信息进行细致采集与高保真提取，构建稳定、全面的工程信息基础。

（2）更高效的互联互通。由于工程建设链条长、参与方多、系统割裂，工程信息陷入"孤岛"状态。智能工地的建设，将依托高速、大带宽的通信技术，打通各终端、各环节、各主体之间的信息通道，实现信息的统一接入、实时共享与高效协同。在此基础上，能够从全局角度实施控制并解决问题，使工作任务可以通过多方协作得以完成，推动工程信息流从分散孤立向集成转变。

（3）更智能的决策支持。当前施工现场仍主要依赖人工经验，信息利用率低、决策效率有限。智能工地将通过引入高性能的大数据分析与智能算法工具，对工程大数据进行深度挖掘、建模与预测，实现从问题识别到优化控制的全流程智能辅助决策，显著提升管理精度与反应速度。

4.2.2　智能工地的通用构架

智能工地由特定的软硬件系统实现相应功能，分为感知层、网络层和应用层三个部分。其中，网络层可细分为传输层、数据层和支撑层，并在应用层之上添加了用户层。由此形成了由感知层、传输层、数据层、支撑层、应用层和用户层六个层级组成的智能工地管理平台系统架构，如图4-2所示。每一层的介绍如下：

感知层作为数据采集前端，由监控摄像机、多类型传感器、RFID、视觉识别设备、空间定位设备、激光扫描仪等工程物联网终端组成，实现对施工人员、施工机械、危险源、周边环境等要素的动态监测，以及对施工关键节点、工艺流程、重要部位的智能化感知与数据捕获。

传输层承担神经网络功能，依托移动通信、有线/无线混合组网技术，构建工程施工现场的网络传输体系，确保感知数据的可靠传输。针对工程现场布线困难的问题，可以优先采用部署灵活、扩展便捷、维护简便的无线传输方案。

数据层构建了专用的共享数据库，用于集中存储各类传感数据，并与外部 BIM、GIS 等三维信息模型进行接口对接，实现主数据的统一管理，同时支持与应用层的数据交互。

支撑层负责提供各类基础服务与共享资源，涵盖统一身份认证、防火墙、VPN 网关等网络安全设施，支持多项目一体化管理服务，以及搜索引擎、报表服务等。

应用层划分为多个具体的功能模块，包括项目信息、人员管理、特种设备管理、安质管理、环境管理、物料管理以及特色应用等，可以满足不同业务场景的需求。

用户层服务于项目部、企业本部和政府部门三类用户，提供多元化的智能工地平台服务，具体包括项目级平台的功能定制与数据展示、企业级平台的多终端（大屏/桌面端/移动端）应用，以及对接政府监管平台的项目数据上报功能。

除上述六层架构外，还需要建立配套的标准规范体系、信息安全体系和运行维护体系等，确保数据的有效归集、存储、应用与共享，提升管理的规范性和安全性。

智能工地框架从管理层级上可以分为工程施工现场监管、企业监管、行业监管三个层次：1）现场部署各类智能传感设备和移动终端，构建起覆盖人员、机械、材料等关键要素的实时监测网络，为项目各参与方提供协同作业的数字化基础；2）企业依托监管信息平台，对海量工程数据进行深度挖掘和智能分析，为企业经营决策提供数据支撑和优化建议，推动管理决策从经验驱动向数据驱动转变；3）行业主管部门通过接入企业监管数据，支持对企业经营行为、工程质量和安全状况的持续监测，通过数据分析识别行业风险点，形成"监测-预警-整改-提升"的闭环监管机制。

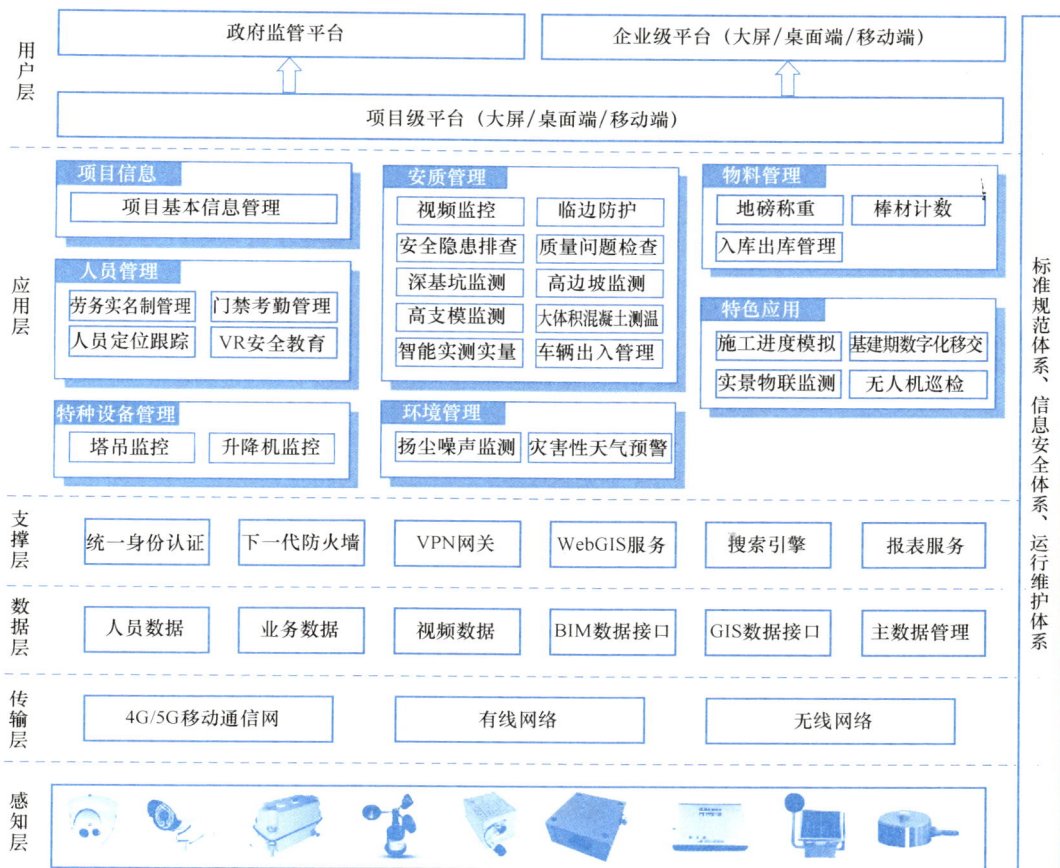

图 4-2　智能工地管理平台系统架构

上述智能工地架构是从大量工程实践中总结出来的通用架构，当落地应用于实际案例或实际对象时，会因为工程特性、管理方式、条件限制等略有差异。

根据我国施工阶段管理特点和实际需求，基于 BIM 的智能工地管理系统包含"开放式 VR/AR 施工精度子系统""Petri-Net 动态施工工序子系统""基于设计/基于实体施工进度子系统"3 个主要构成部分，如图 4-3 所示。"开放式 VA/AR 施工精度子系统"在现有 VR 应用的基础上进行创新升级，整合高精度计算机图形渲染、增强现实显示、实时传感与三维扫描技术，建立施工现场可视化管控体系，"Petri-Net 动态施工工序子系统"在严格遵循工程建设客观规律的基础上，充分发挥 Petri-Net 在流程模拟与分析方面的优势，实现施工工序的动态仿真与智能优化，与"开放式 VR/AR 施工精度子系统"一起将实时可视化与实时动态化联系在一起。"基于设计/基于实体施工进度子系统"以 BIM 模型为数字基底，融合实体建筑数据与现场实时采集信息，打通设计数据与施工实况的数据壁垒，确保管理的精确性与时效性。整体管理框架上，基于 BIM 的智能工地平台形成了五大核心功能模块：智能化服务管理、数字化技术管理、全方位安全监控、动态化进度管理以及可持续绿色施工，共同构成了创新的管理体系。

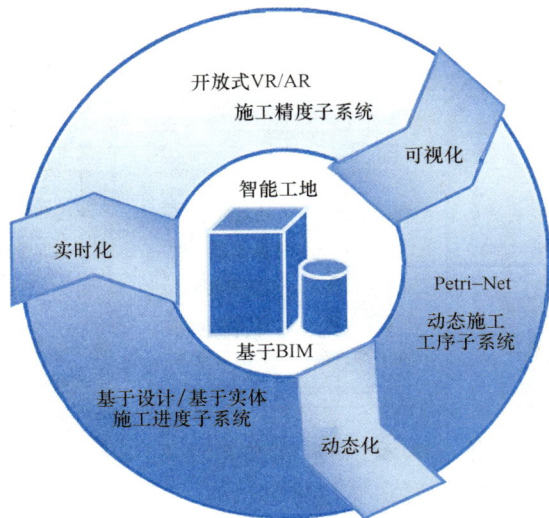

图 4-3　基于 BIM 的智能工地管理体系

4.2.3　智能工地的工程案例

智能工地系统在工程中的落地应用离不开一套完整的数字化基础设施产品，如北京某集团研发了基于"云边端"架构的智能工地集成云平台系统，并在此基础上开发了包含云平台、边缘设备和终端设备在内的数字化基础设施产品体系。

1. 系统架构

"云边端"架构以管控云平台为基础，延伸到边缘计算设备和智能感知控制设备终端，形成"云""边""端"一体化的云平台。

"云"即集团云端服务，一方面指应用平台，包括数据资产平台、数据汇聚器、数据处理器、数据治理及服务，以及 AI 平台、物联感知控制平台、BIM 中台、业务中台；另一方面指基础平台，包含云计算、云存储和云安全。

"边"即项目边缘计算服务，包含两个层次的概念，一是指智能化系统，如构件分解、智能装配、智慧安防等；二是指项目边缘云设备，承载项目边缘计算、离线算力、AI 分析、物联接入、应用服务等，可以是一个小的边缘计算服务器，如塔式或台式服务器，也可以是一个较大的一体机，如包含厢房在内的移动方舱。

"端"即工地现场的智能设备终端，包含传感器、云桌面的"城建盒子"等，以及工地现场安装的摄像头、进出口闸机、人脸设备等。

"用"指智能工地的应用，可以是集团公司管控、现场管理平台、设备管控应用，也可以是工地服务、人员管理、安全管理等应用。

2. 具体构成体系

网络层云平台是数字化基础设施产品体系的核心设备，包含中心云平台、分布式私有云和边缘云三部分，如图 4-4 所示。中心云平台不仅为集团提供完整计算、存储和安全资源，同时为各二级单位提供云化服务资源。二级单位和大型项目工地现场因业务规模、离线存储等需求，可部署分布式私有边缘云，获取完整云平台资源；小区、园区、场馆、综合体等可部署边缘云节点，获取边缘计算、存储、安全资源以及离线中台资源；建筑工地现场和抢险救灾现场可部署移动式边缘计算方舱，以获取边缘云节点资源，同时便于移动部署。

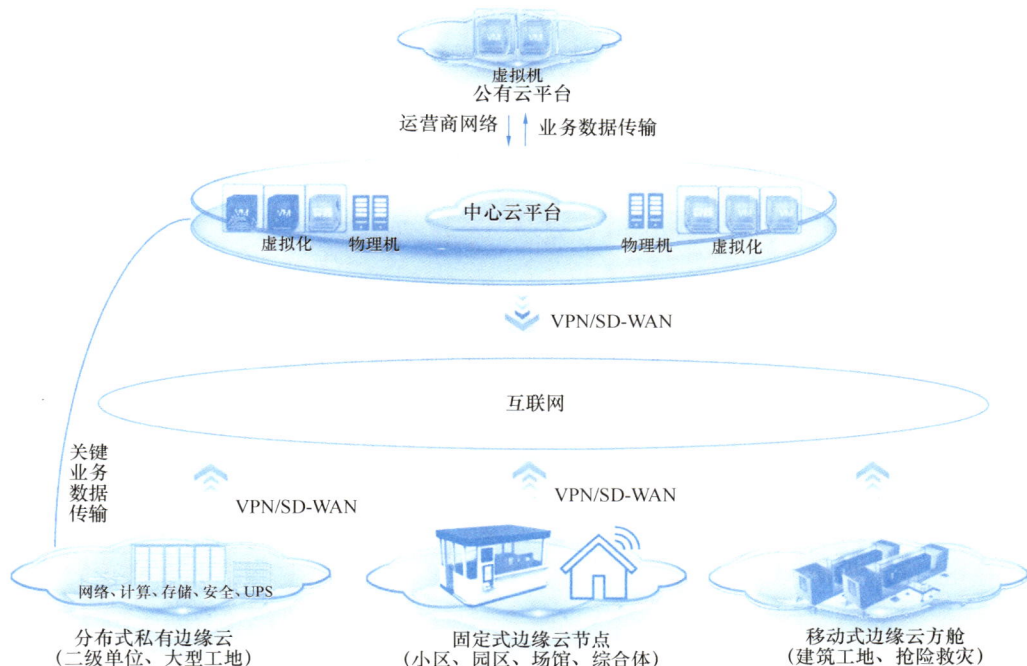

图 4-4　智能工地网络层云平台

当中心云集中存储和计算的模式已经无法满足海量终端设备对于时延、带宽、容量和算力的需求时，则需要边缘设备承载边缘云计算能力，并通过中心云进行统一交付、运维及管控。边缘设备包含边缘控制器、边缘云计算盒子、智能网关、智能控制一体机以及移动边缘云方舱等设备，如图 4-5 所示。边缘设备运行本地计算、消息通信、数据缓存和AI 算法，为边缘端应用赋能。同时，边缘设备支持有线网络、Wi-Fi、ZigBee、4G、5G等多种网络方式，适用于室外或室内各种不同需求的场景，构成了"云边端"一体化协同中的一环。

最终布置在施工现场的各类终端设备是智能工地系统感知层得以实现的关键环节，包括物联网控制器、智能感温探测器、物联网防爆控制器、AI 读表器、智能闸机、人脸识别设备等，如图 4-6 所示。

智能工地的用户层管理场景分为集团和公司端场景、项目端场景和手机端场景三部分。集团和公司端场景可总览全集团或全公司的所有项目的基本情况，并对关键数据进行统计分析，比如人员数量、大型设备数量、中标或在建项目数量及中标总合同额等，同时也能随时调取项目现场实时监控。项目端场景可总览整个项目的基本情况，可监测工程进度、施工现场人数、PM2.5 值、施工噪声等，也可监测工程施工现场主要出入口、材料

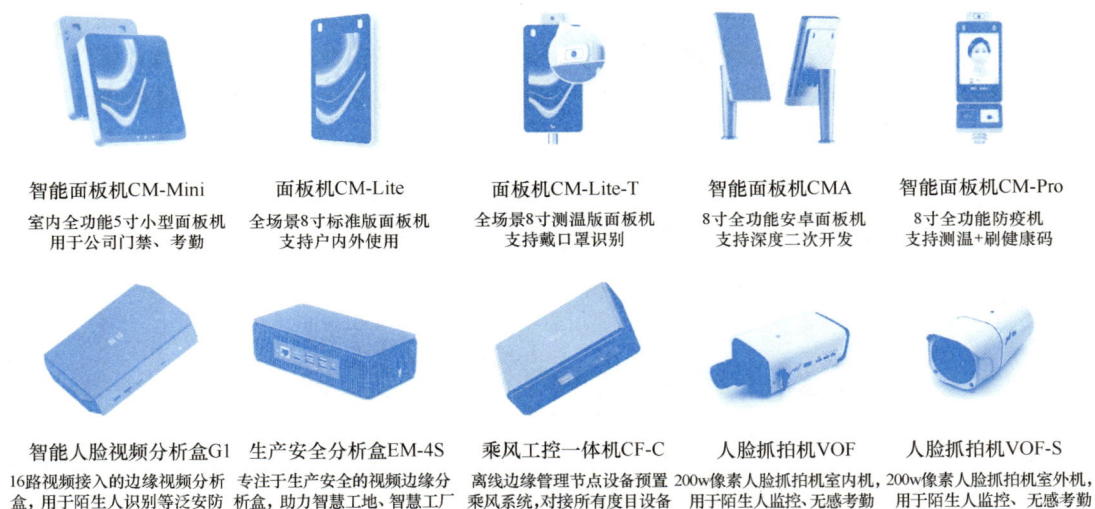

智能面板机CM-Mini
室内全功能5寸小型面板机
用于公司门禁、考勤

面板机CM-Lite
全场景8寸标准版面板机
支持户内外使用

面板机CM-Lite-T
全场景8寸测温版面板机
支持戴口罩识别

智能面板机CMA
8寸全功能安卓面板机
支持深度二次开发

智能面板机CM-Pro
8寸全功能防疫机
支持测温+刷健康码

智能人脸视频分析盒G1
16路视频接入的边缘视频分析盒，用于陌生人识别等泛安防

生产安全分析盒EM-4S
专注于生产安全的视频边缘分析盒，助力智慧工地、智慧工厂

乘风工控一体机CF-C
离线边缘管理节点设备预置乘风系统，对接所有度目设备

人脸抓拍机VOF
200w像素人脸抓拍机室内机，用于陌生人监控、无感考勤

人脸抓拍机VOF-S
200w像素人脸抓拍机室外机，用于陌生人监控、无感考勤

图 4-5　智能工地边缘计算设备

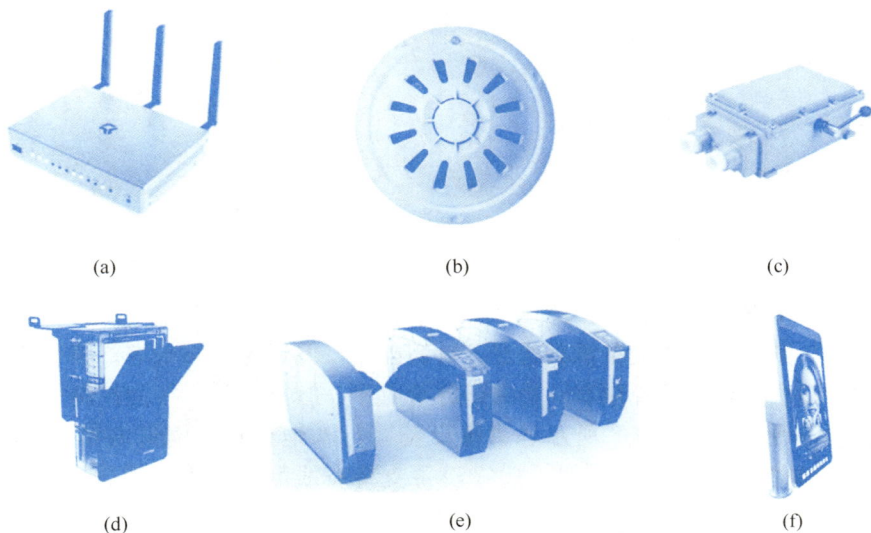

(a)　　　　　　　　　　　(b)　　　　　　　　　　　(c)

(d)　　　　　　　　　　　(e)　　　　　　　　　　　(f)

图 4-6　智能工地感知层设备

（a）物联网控制器；（b）智能感温探测器；（c）物联网防爆控制器；
（d）AI读表器；（e）智能闸机；（f）人脸识别设备

区、塔式起重机系统等关键位置（见图4-7）。手机端场景能够随时随地查看工程项目信息，包括视频监控、人员统计、环境监控、进度计划、隐患排查和设备物资等情况。

图 4-7   智能工地用户层界面

4.3   智能工地的发展趋势

当前智能工地发展迅速，已经成为建筑业的重要发展方向。预计到 2028 年，我国智能工地市场规模将增长至 326 亿元。智能工地的未来发展趋势主要体现在以下几个方面：

（1）功能全面化

随着信息技术的快速发展和创新，科学技术给建设项目管理带来无限的可能性，建设智能化工程施工现场已成为解决工程施工现场管理问题的有效措施。智能工地的本质是通过新一代信息技术重构传统工程管理模式，将传统的施工要素转化为可量化、可分析、可优化的数据资源，打造数据赋能、智能决策的新型范式。

建筑工地集成多工序、多工种和多技术，而目前智能工地大多仍只停留在施工现场"人、机、料、法、环"等的管理层面。随着技术的不断创新和完善，未来智能工地将集成更多功能，扩大应用范围。例如，通过基坑变形监测、结构应力监测等保证结构安全；在"双碳"目标形势下，通过对施工现场进行实时监控，完成工地碳排放数据的可视化，实现资源循环利用和绿色建造。最终，将智能感知、施工监测与过程管理等汇聚到一个平台上，开展安全、质量、进度、环境等多方面管理应用，从而实现工程建设项目的数字化、信息化、智能化、标准化和精细化管理。

（2）软硬件自主化

与发达国家相比，我国智能工地建设起步较晚，目前多数智能工地软件及硬件设备均依赖进口。部分国产软件基于已有技术进行二次开发，但其底层核心软件仍然被国外公司垄断，真正拥有智能工地自主知识产权产品和技术的国内机构很少。尽管相比于软件，智能工地硬件设备的国产化程度更高，但建筑机器人等重要建造设备使用的核心算法大多仍掌握在国外企业手中。此外，由于软硬件不够成熟，难以支撑智能工地与其他多种专业软件的集成应用，也成为智能工地应用的瓶颈。

综上所述，政府部门应出台相关政策，鼓励和支持国内机构对智能设计、智能化管理等智能工地相关软硬件的研发和应用，包括提供资金支持、税收优惠、研发补贴等措施，以降低企业的研发成本。同时，推动产学研用相结合，加快对关键技术的突破研究。此外，相关部门应制定统一的智能工地建设标准和规范，提高产品和系统的通用性和兼容性，并鼓励不同行业之间的跨界合作，共同推动智能工地的发展。例如，建筑企业可以与通信、AI、物联网等行业企业进行合作，共同研发适用于智能工地的新型设备和系统，从而逐步实现智能工地的软硬件国产化。

（3）决策智慧化

信息化和智能化技术是智能工地发展的基础。按照工地的智能化程度，智能工地分为感知、替代和智慧三个阶段。当前大部分智能工地的应用正处于感知阶段，并在努力实现替代阶段。智能工地建设最终的目标是智慧阶段，即认知型智能工地。此阶段较替代阶段有明显进步，是 AI 发展的显著成果。认知型智能工地最终具备"类人认知与决策能力"，通过构建一套高度智能的"建造大脑"，实现对施工全过程的统筹调度与自主管理。此外，"建造大脑"具有知识库管理和自学能力，可以逐步替代人工在建造与管理中的关键决策与操作职能。尽管智能工地达到智慧阶段还有很长的路要走，不仅需要大量的数据积累，相关技术也需要在当前基础上实现大幅提升，但相信随着技术的不断发展，智能工地最终会进入这一阶段。

本章小结

工程施工现场管理作为建筑企业核心竞争力的关键要素，其管理模式正经历着从粗放式向精细化、从经验驱动向数据驱动、从人工管控向智能决策的转型。在此背景下，智能工地以施工现场全要素管理为着力点，围绕"人、机、料、法、环"五个关键因素，实现对项目进度、成本管控、质量监督和安全生产的全方位管理。本章以智能工地、信息技术等相关概念为基础，围绕智能工地的概念与性质、智能工地的特点与通用框架、智能工地的现实挑战和智能工地的发展趋势四方面内容展开。

本章第一部分首先指出了智能工地提出的背景，总结智能工地的概念，并从技术、核心、特征、目的和应用基础五个方面对概念进行辨析；之后梳理了文献中智能工地与智能建造在各方面的实际应用，得出智能工地与智能建造相辅相成的关系；最后就智能工地的性质进行整理，智能工地按照大数据积累程度分为初级、中级、高级三个阶段，按照智慧化程度分为感知、替代、智慧三个阶段。第二部分首先从技术和管理两个方面指出智能工地的特点，并与传统工地进行对比，进一步说明其特征；然后对智能工地的常用框架进行整理，智能工地的物理框架可以大致分为感知层、传输层、数据层、支撑层、应用层、用户层六个层级，从管理上大致分为现场、企业、行业三个层级。第三部分介绍智能工地的优势和发展趋势，智能工地的应用具备提高项目管理效率、降低项目管理成本、提升企业与项目管理水平等诸多优势。

思考题

1. 智能工地的概念是什么？智能工地与传统工地的主要区别是什么？
2. 智能工地的特点是什么？
3. 简述智能建造和智能工地的概念以及两者之间的区别。
4. 建设智能工地的目的是什么？
5. 智能工地的搭建涉及哪些核心技术？

参考文献

[1] 罗齐鸣，华建民，黄乐鹏，等. 基于知识图谱的国内外智慧建造研究可视化分析[J]. 建筑结构学报，2021，42(6)：1-14.

[2] 韩豫，孙昊，李宇宏，等. 智慧工地系统架构与实现[J]. 科技进步与对策，2018，35(24)：107-111.

[3] 朱爽. 基于"互联网＋智能化"的智慧工地管理系统研究[J]. 大众标准化，2023(18)：157-159.

[4] 盛金保，向衍，杨德玮，严吉皞，董凯. 水库大坝安全诊断与智慧管理关键技术与应用[J]. 岩土工程学报，2022，44(7)：1351-1366.

[5] 度目边缘计算设备视频分析-百度智能云[EB/OL]. [2024-01-31]. https：//cloud. baidu. com/solution/ai/analysis-dumu. html.

[6] KHAN M，NNAJI C，KHAN M S，et al. Risk factors and emerging technologies for preventing falls from heights at construction sites[J]. Automation in Construction，2023，153：104955.

[7] 李霞，吴跃明. 物联网＋下的智慧工地项目发展探索[J]. 建筑安全，2017，32(2)：35-39.

[8] 刘洋，刘坚，赵辉，等. 智慧工地的构建——建筑工程互联网＋管理[J]. 智能建筑与智慧城市，2021(8)：87-88.

[9] TIAN D，LI M，REN Q，et al. Intelligent question answering method for construction safety hazard knowledge based on deep semantic mining[J]. Automation in Construction，2023，145：104670.

[10] REHMAN S U，USMAN M，TOOR M H Y，et al. Advancing Structural Health Monitoring：A Vibration-Based IoT Approach for Remote Real-Time Systems[J]. Sensors and Actuators A：Physical，2023：114863.

[11] JIN R，ZHANG H，LIU D，et al. IoT-based detecting，locating and alarming of unauthorized intrusion on construction sites[J]. Automation in Construction，2020，118：103278.

[12] 贾哲，郭庆军，郝倩雯. 基于智慧工地的建筑机械智能化发展[C]. //江苏省土木建筑学会建筑机械专业委员会2017年学术年会论文集. 2017：33-38.

[13] 吴小琴，周诚，骆汉宾，等. 智能工地应用价值与功能重要性实证分析[J]. 土木建筑工程信息技术，2022，14(1)：76-85.

[14] ZHENG Z，WANG F，GONG G，et al. Intelligent technologies for construction machinery using data-driven methods[J]. Automation in Construction，2023，147：104711.

[15] 黄建城，徐昆，董湛波. 智慧工地管理平台系统架构研究与实现[J]. 建筑经济，2021，42(11)：25-30.

知识图谱

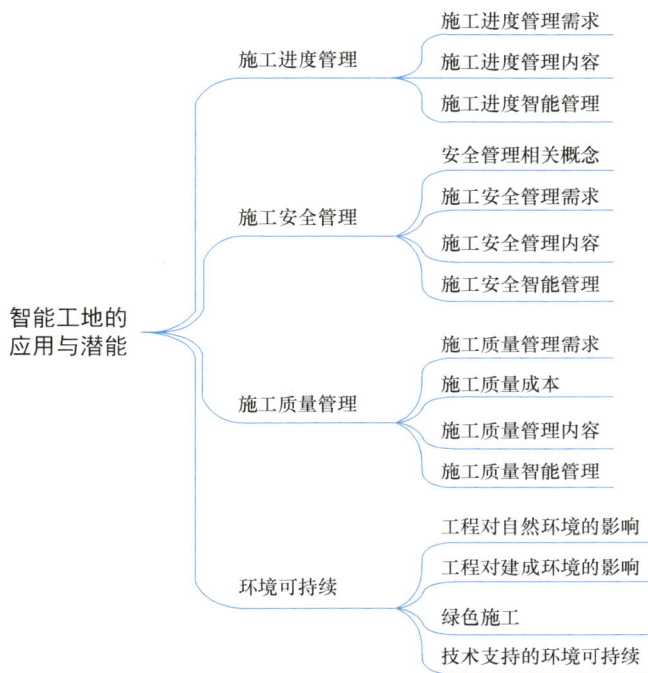

施工进度管理 —— 施工进度管理需求
施工进度管理 —— 施工进度管理内容
施工进度管理 —— 施工进度智能管理

施工安全管理 —— 安全管理相关概念
施工安全管理 —— 施工安全管理需求
施工安全管理 —— 施工安全管理内容
施工安全管理 —— 施工安全智能管理

智能工地的
应用与潜能

施工质量管理 —— 施工质量管理需求
施工质量管理 —— 施工质量成本
施工质量管理 —— 施工质量管理内容
施工质量管理 —— 施工质量智能管理

环境可持续 —— 工程对自然环境的影响
环境可持续 —— 工程对建成环境的影响
环境可持续 —— 绿色施工
环境可持续 —— 技术支持的环境可持续

本章要点

知识点1. 施工进度管理面临的挑战与对新技术的需求。

知识点2. 施工安全管理面临的挑战与对新技术的需求。

知识点3. 施工质量管理面临的挑战与对新技术的需求。

知识点4. 现场环境可持续面临的挑战与对新技术的需求。

学习目标

（1）了解智能工地相关技术如何支持施工进度管理。

（2）了解智能工地相关技术如何支持施工安全管理。

（3）了解智能工地相关技术如何支持施工质量管理。

（4）了解智能工地相关技术如何支持现场环境可持续。

5

智能工地的应用与潜能

5.1　智能工地与施工进度

5.1.1　施工进度管理需求

施工进度管理是工程建设项目管理的一个重要内容，涵盖了对施工作业内容、作业程序、作业时间以及作业逻辑关系的管理。通过全面的施工进度管理，将计划工期控制在事先确定的目标工期范围内，在充分兼顾造价和其他控制目标的同时，致力于缩短建设工期，直至工程竣工并成功交付使用，以实现进度总目标和资源优化配置。

随着现代工程建设项目的日益复杂，施工进度管理面临一系列挑战。这些挑战主要涉及施工进度难以精准把控、配套工作统筹难度大、作业面交叉干扰频发以及现场协调效率低下等方面。同时，施工进度受到复杂因素的影响，包括人、材料、设备、资金以及环境等方面的干扰因素，如设计变更、场地条件未满足工程需要、勘察资料不准确、设备品种规格不符、建设单位未及时拨款、交通受阻、水电供应不足等。

施工进度失控可能导致人力、物力浪费，甚至对施工质量和安全造成不良影响。为了避免这些问题，必须高效地开展施工进度管理。在项目启动之前，需要对可能影响速度的因素进行深入调查，并预测它们对进度可能产生的具体影响。随后，制定科学合理的进度计划，指导整个建设过程按计划有序进行。根据动态控制原理，需要不断检查实际情况并与计划进行对比，找出偏离计划的原因，特别是找出主要原因，并采取相应措施进行进度调整或修正，进而按照新的计划实施。

5.1.2　施工进度管理内容

施工进度管理是一项系统性任务，其核心在于根据计划目标和组织体系，对项目各个部分的进展进行检查，以确保整体目标协调完成。施工进度管理主要包含规划、控制和协调等内容。规划包括编制施工进度计划，明确总体进度控制目标及各项工程的进度目标；控制是指在项目实施的各个阶段，对实际进度与计划进行比较，及时采取措施进行调整；协调是指调整相关单位、部门和班组之间的工作节奏与进度关系。

施工总进度计划的制定应遵循"先主体、后辅助，先重点、后一般"的原则，以保证进度安排的合理性。在制定施工进度计划之前，必须统计实物工程量、工日、机械台班等信息，这些不仅是进度计划编制的内容，也是安排时间进度的基础。制定施工进度计划的依据包括审批的建筑总平面图、施工合同规定的开竣工日期、设计图纸、施工方案、相关预算文件和劳动定额等，以及现场施工条件、工人数、资金及各种机械和材料等情况。基本制定步骤包括：1）基于工程特点划分分部分项工程；2）统计工程量并配置相应人力与机械设备；3）明确各分项工程的施工顺序、工期安排、持续时间及工序衔接；4）采用横道图或网络图绘制初步进度方案；5）对计划方案进行优化完善；6）确定正式施工进度计划。

施工进度计划确定后，为确保计划的顺利实施，基本措施包括：1）分工明确，责任到人，将进度任务分配给相应的责任人，确保每个任务都有专人负责，提高执行效率和责任感；2）定期检查进度计划执行情况，估算实际完成工程量，比较实际与计划，及时发现偏差并调整计划，确保工程按时进行；3）建立及时反馈信息系统，实现每日跟踪、每日调整的实时动态管理，收集、分析和反馈施工进度数据，以便及时调整和优化施工计划；4）使用网络计划控制施工进度，依据关键路径，合理分配和利用资源。具体而言，施工进度控制采取的主要措施有组织措施、经济措施、合同措施、技术措施和信息管理措施等。

组织措施的工作涉及多个方面。首先，必须确立明确的项目进度控制目标体系，以确保整个项目周期内都有清晰的目标指引。其次，为了保证项目管理的协调性，项目组织结构中应设立专门工作部门，由具备进度控制岗位资格的专业人员负责进度控制工作。这些任务和相应的管理职能需要在项目管理组织的任务分工表和管理职能分工表中得以标明和实施。同时，还需制定并建立进度报告、进度信息沟通网络、进度计划审核、检查分析、图纸审查、工程变更和设计变更管理等制度，以确保信息传递的透明度和质量。此外，编制项目进度控制的工作流程，明确项目进度计划系统的组成、各类计划的编制程序、审批程序和计划调整程序等，以提高工作效率。最后，建立进度协调会议制度，组织相关进度控制会议，进一步确保各方的协同合作。

在经济措施方面，主要目标是确保进度计划的资金保障，并设定可能的奖罚机制。通过对资源需求分析，可以评估进度计划的可行性。若资源配备无法满足需求，应适时优化进度安排，并综合评估资金总量、来源渠道及到位周期等因素。在资金管理方面，应规范执行工程预付款和进度款支付流程，保障项目建设资金的及时供应。同时，预算编制需预留专项费用，涵盖为加快进度可能采取的经济激励措施。针对可能出现的工期延误情况，应建立相应的经济约束机制，以强化对进度计划的执行和工期的严格控制。这些经济措施的实施将有助于有效管理项目的资金流动，推动工程按照计划有序推进。

在合同措施方面，核心目标是确保与分包单位签订的分包合同或施工项目内部工作协议与施工项目的进度目标相互协调和吻合。具体而言，应合理选择承发包合同结构，减少因合同界面过多而对工程进度造成的不利影响。同时，应加强合同管理与索赔管理，统筹协调合同工期与施工进度计划，确保合同所设定的进度目标顺利达成。在此基础上，还需严格把控合同变更环节，尽量避免因变更频繁导致工程延期。此外，需要分析影响施工进度的风险，并提出相应的风险管理措施，以有效控制进度失控的风险。这些合同措施的实施将有助于确保各方之间的协同配合，确保工程建设项目能够按照计划有序进行。

技术措施主要指确保施工顺利推进的具体部署、可操作性强的施工方案及加快施工进度的手段。一旦发现实际进度与计划进度存在偏差，应及时进行分析，查明造成进度偏差的具体原因。在考虑采取调整措施时，需要确定影响后续工作和总工期的限制条件，重点关注关键工作、关键线路以及后续工作的限制条件，同时明确总工期允许变化的范围，对原进度计划进行调整，以确保要求的进度目标能够实现。在工程继续实施中，需及时协调有关单位的关系，并采取相应的组织、经济和合同措施，以顺利执行调整后的进度计划。

信息管理措施是指持续采集工程施工实际进度信息，经整理和统计分析后，与计划进度进行对比。具体实施过程中，管理人员需建立定期巡查机制，动态跟踪施工进展，重点采集项目分解结构中基础工作单元、独立工作包以及进度计划各项任务的完成情况。实际进度信息的统计维度通常包括：完成的实物工程量、产值工作量、人工消耗量、成本支出情况以及进度累计百分比等。对获得的实际进度信息，需进行必要的整理，形成与计划进度具有相同的量纲和形象进度。

5.1.3　智能工地技术支持的施工进度管理

当前，施工进度管理很多工作仍需要人工完成，如进度信息的统计、输入、调整和信息发布。现有的进度管理方法存在封闭、隔离、孤岛等问题，因而无法提供及时的进度信息。智能工地技术支持的施工进度管理主要包括以下两个核心工作：

首先，需构建覆盖工程施工现场与项目管理组织的交互式进度信息平台。该平台核心功能涵盖：现场进度监控、施工过程实时记录、动态进度更新等进度信息采集工作。通过该平台，相关人员可以实时了解工程进度的最新情况。

其次，依托平台采集的实时数据，结合 BIM 施工进度计划模型，利用进度跟踪与控制的专业分析工具，实现施工进度的偏差分析与过程管控。通过 BIM 模型与实际进度信息的关联，为施工进度管理提供可视化的操作界面，支持施工进度关键线路的在线管控、查询等管理业务。

1. 施工进度信息采集

在施工进展的过程中，实际工期可能与最初估算的工期有所不同，工作开始后作业顺序也可能发生变化。此外，可能需要添加新的作业或删除不必要的作业。因此，建立进度信息采集平台是推进施工进度智能化管控的重要基础。在项目实施过程中，进度管理人员通过多元化方式，持续收集与更新各分部分项工程的进度信息。该平台主要提供两种进度信息采集方式：一是基于智能设备的自动化监测；二是通过人工录入的定期更新。

现场自动监控涵盖了利用视频监控、三维激光扫描等设备获取关键工程或关键工序的第一手进度资料。例如，通过现场测量和定位的方式，可以确定建设项目的准确坐标。如果现场控制点无法完全覆盖建筑物，需要增加临时监控点。在这些监控点，通过视频监控、三维激光扫描等方式对工程实体进行全时段录像和扫描（见图 5-1）。这些实时上传的视频、图片、三维激光扫描以及人工表单等数据经过分析处理后，可以形成阶段性的施工进度的全景图像，帮助进度管理人员判断当前的施工进度情况。

2. 基于 BIM 的施工进度信息集成与分析

基于 BIM 的施工进度管理将工程建设视为一个复杂而动态的过程。在总进度计划编制阶段，首先依据 BIM 设计模型，进行工程量统计，按照施工合同工期要求确定各单项和单位工程的施工工期及开竣工时间，并制定总进度网络计划，将其与 BIM 模型联动，形成包含总进度信息的 4D BIM 模型。基于 BIM 的施工进度信息集成与分析体系能够支持网络结构优化调整、进度可视化模拟展示、计划与实际进度对照分析以及赢得值分析（Earned Value Analysis）等管理内容。

基于 BIM 模型可获取多维度的进度与资源信息，包括结构部位、时间节点、任务类型等关键维度，并能生成成本与资源消耗的日/周/月报表及图表分析。具体而言，针对每项施工活动，BIM 模型支持人工、材料、设备等资源的初始工作量数据输入，既可以通过模型自动提取，也能够进行人工调整设置。通过确定整个项目的最大资源、空间数量及单元成本，在每项工作活动中分配平均资源生产率和资源关系约束条件，以确保资源合理使用，避免分配不足或过度分配。在施工过程中，基于 BIM 的施工进度管理有助于开展实时的管理目标计划、创建跟踪视图以及更新工程进度。每一项施工作业都有计划开始时间、计划完成时间、实际开始时间、实际完成时间，以及完成该项作业的工程量、资源量

图 5-1 三维激光扫描仪采集现场点云数据

等信息。

根据进度跟踪结果，进行计划进度和实际进度的偏差分析至关重要。随着计划时间和完成时间的变化，系统可以自动重新调整和计算，修正目标计划并更新相应资源数据。BIM 还能够提供每一流水施工作业的情况跟踪，包括计划总览、工作分派、施工日报、工作面交接等。通过多层次、多角度的可视化模拟分析，进行全方位的进度偏差分析，促进后续工作的持续改进。在进行进度偏差分析时，需要综合考虑计划进度和实际进度的差异，并有针对性地分析各项施工工作的完成情况以及可能存在的延迟或提前情况。针对进度偏差程度的不同，应采取分级管控措施：对于较小偏差，可以通过优化关键路径工期或实施赶工措施予以修正；当出现重大进度偏差时，则需全面修订进度计划，重新制定项目进度目标方案。

综上所述，基于 BIM 的施工进度信息集成与分析具有以下几点优势：

（1）施工进度可视化呈现：基于 BIM 技术集成工程三维空间数据与时间维度信息，实现施工作业面空间分布与施工进展状态的直观可视化展示，精确反映项目实际施工进度。

（2）动态计划协同管理：突破传统网络计划方法的局限性，BIM 平台支持动态进度计划编制与调整，提供高效的进度协商工具，辅助制定无冲突的施工进度方案。

（3）多目标协同优化：通过 BIM 可生成全面的进度状态分析报告，反映进度调整对工期、成本等关键指标的影响，为项目进度、成本、质量等多目标协同优化提供决策支持。

5.2　智能工地与施工安全

5.2.1　危险源、安全风险、安全隐患与事故

对于施工单位来说，安全生产是企业效益的基石。安全生产事故的发生将直接干扰企业的正常生产经营秩序。若事故导致人员伤亡，尤其是重大伤亡事件，将对社会稳定、企业发展和员工家庭造成难以估量的损失。因此，必须始终将施工安全管理置于重要位置，通过系统性的风险管控和隐患治理，防范各类安全事故的发生。

在施工安全管理中，危险源、安全风险、安全隐患与事故之间相互联系但各有不同指代。危险源是事故发生的根本源头，指工程施工现场或施工过程中会造成损害与事故的潜在因素，包括但不仅限于可能导致人身伤害和健康损害的根源、状态和行为，其决定了事故发生的严重程度和发生事故可能性的大小。安全风险是安全事故发生的可能性与其后果严重性的组合，具有很强的不确定性和事物固有性。安全隐患是指存在于施工现场中的潜在危险因素，这些因素可能对个人或群体造成伤害，通常来源于人的不安全行为、物的危险状态、施工环境问题或管理制度上的缺陷。与安全风险不同的是，安全隐患具备可消除性。当危险源表现出超出安全界限的状态或行为，以及管控不到位时，危险源将会变为安全隐患。安全隐患是导致安全事故发生的主要原因，其解释更偏向于说明危险源的一种存在状态。举例说明，施工人员在操作机械设备时，可能出现机械伤害，这种可能性在实际操作过程中就表现为安全风险；而施工人员在操作机械设备时，未佩戴劳动保护用品，这种状态就反映了一种安全隐患。当危险源具有一定程度的安全风险，并且其所处环境使其表现出某些安全隐患状态，若没有得到及时有效的控制，将转化为安全事故。

如图 5-2 所示展示了危险源、安全风险、安全隐患、安全事故之间的关系。危险源是事故发生前的实际存在形式。当安全风险防控措施失效或弱化而形成安全隐患时，未及时

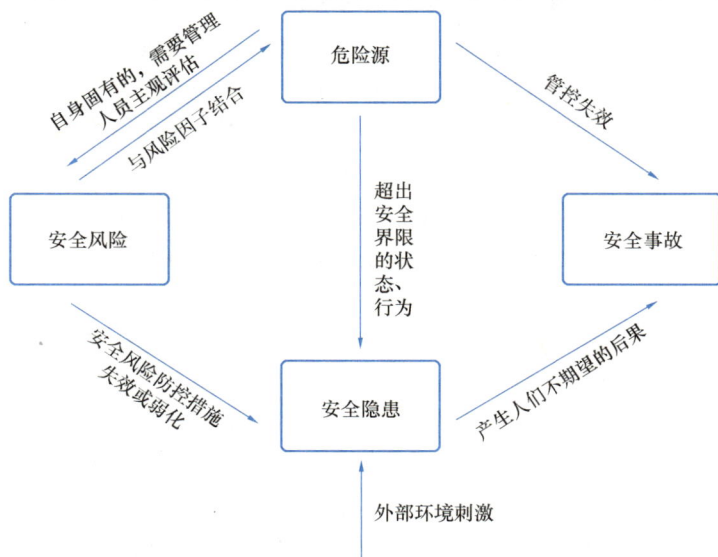

图 5-2　危险源、安全风险、安全隐患、安全事故之间的关系

处理的安全隐患可能演变为安全事故。例如，某工程施工现场进行氧焊作业，用到氧气瓶和乙炔瓶，这些瓶内所盛气体属于易燃易爆气体，若使用人员操作不规范或气体所处环境不合格，气体极可能引起爆炸事故，造成严重的人身伤害。因此，氧气瓶和乙炔瓶称为危险源，而其引起的爆炸现象就属于安全事故。管理人员对氧气瓶和乙炔瓶引起爆炸现象的概率以及爆炸事故发生的可能性和后果的严重程度进行主观评估，其评估结果就是该危险源固有的风险因子，在实际施工中即为氧气瓶和气焊瓶存在安全风险。在气焊作业中，如果在操作氧气瓶和乙炔瓶时，未严格执行安全操作规程，既未保持气瓶之间的规范安全间距，也未落实与明火的有效隔离措施，导致气瓶处于不安全状态，周围环境也变得不安全，加之施工人员在使用时存在不安全行为，均形成安全隐患。此时若不及时采取管控措施，将会引发安全事故。

不难看出，危险源描述了事物的本质，安全风险是对危险源客观存在特性进行的主观评价，两者均是客观属性，无法被完全消除。安全隐患则是可以通过开展一系列的安全隐患排查治理工作被消除或解决的。安全风险防控表现为在危险源转变为安全事故之前的控制手段，属于事前控制；安全隐患治理是在危险源向安全事故转变过程中的控制手段，属于事中控制。因此，安全风险防控与隐患排查治理工作是工程施工现场安全管理的关键任务，提升风险防控能力以及隐患排查治理能力是阻止危险源引发安全事故的"根本"。

5.2.2　施工安全管理需求

建筑业的高危性与其本身特点紧密相关。首先，不同于工厂、车间或其他相对固定的作业场所，工程施工现场是临时、动态的，在一个单位或单项工程建设完毕后，施工人员、材料、器械等需要转移向下一个部分，在动态界面转化过程中容易发生危险。其次，工程施工现场空间限制大，在施工工艺变化时，相应的工作面、设备、机械、工具需及时到位。再次，施工任务工序和工艺复杂，劳动工种及作业人数多且交叉，诸多因素提高了事故的发生率，加之施工人员流动性大，这给项目部安全管理留下隐患。最后，工程建设项目露天作业多，受自然环境影响大，并且由于周期较长，往往会跨越不同季节，处于炎热、暴雨、寒冷等不同气候状态下的危险源会产生许多威胁施工人员的安全隐患。综上，工程施工现场的危险源可能产生的安全隐患可分为物料、人为、环境三个方面：

（1）物料方面，比如正在修建中尚未稳定的墙体。

（2）人为方面，比如施工人员违反标准操作的行为。

（3）环境方面，比如有毒气体、缺氧、噪声、辐射等。

大量的研究和实践都指出，上述安全隐患必须得到有效处理。目前，我国工程施工现场的安全管理和监管主要集中在控制施工人员的不安全行为，以及监测施工物料的不安全状态上。要有效提升工程施工现场的安全管理能力，必须完善相应的安全管理规章制度，制定切实可行的安全管理措施和手段。这一过程应遵循以下三个原则：

（1）"以人为本"原则。工程建设项目的实施者是人，因此在管理过程中应深入贯彻"以人为本"的理念，努力创造条件以满足施工人员的需求，并激发他们的主人翁意识。项目参与方需要长期坚持"以人为本"原则，以确保全体施工人员积极参与施工安全管理，有效推动各项安全措施和政策的执行，从而确保工程施工安全管理的成功。

（2）"以预防为主"原则。安全生产管理的总体指导方针强调"安全第一、预防为主、综合治理"，其中"预防为主"是核心。在工程建设项目中，施工总承包方应始终坚持"预防为主"的安全生产方针，健全安全生产组织管理体系和检查评价体系，制定全面的安全措施计划，全面把握危险源、安全风险以及安全隐患与安全事故之间的动态转变，强化施工安全管理，实施全面的施工安全综合治理。

（3）"安全生产标准化"原则。建筑业的高质量发展需要安全生产标准化建设。安全生产标准化管理能够有效消除工程施工现场的安全隐患，降低安全事故发生概率，并夯实安全生产的基础。因此，必须严格按照施工安全管理程序制定与工程建设项目相符的各项安全措施和施工方案，同时，对于单独编制安全专项施工方案的分项工程也要有相应的措施。此外，还应加强管理创新和技术创新。通过数字化手段赋能实现实时监控，并通过数据驱动的方式制定科学的管理决策。

5.2.3　施工安全管理内容

施工安全管理包含一系列为工程建设项目实现安全生产而开展的管理活动。由于安全风险与安全隐患在"危险源"演变为"安全事故"的整个过程中处于过渡阶段，加之工程施工现场"危险源"的固有特性，使得风险防控与隐患排查治理成为施工安全管理工作中减少或避免事故发生的关键途径，也是遏制危险源"质变"的有效手段。因此，重点关注风险防控以及隐患排查工作，制定科学有效的防控与治理措施，是施工安全管理工作的重中之重。

对风险进行系统性分析是制定施工安全管理内容与措施的重要基础，可采用工作危害分析法、风险评价法以及风险控制计划法，对工程施工现场的安全风险进行定量与定性分析。

1. 工作危害分析法

工程施工现场的日常安全检查虽然可以排查一般的安全隐患，但不同类型和场景的工程建设项目可能存在不同的安全风险，如起重作业、动火作业、受限空间作业等。因此，有必要建立一套普适性强的管理程序，以识别、防控和治理不同工程施工现场内的安全风险。

工作危害分析法（Job Hazard Analysis，JHA）是一种针对施工人员的定性分析方法，用于检查工程施工现场是否存在安全风险。它基于施工作业活动进行安全风险辨识，制定相应的安全控制措施并改进现有措施，以实现控制风险、减少和杜绝事故发生的目标。JHA 将整个施工作业活动分解为若干个相连的工作步骤，识别每个步骤的安全风险，不仅要考虑危险源自身存在的风险，还要考虑施工人员操作不当、作业程序的改变、环境的改变或其他因素，如并行作业以及新的设施、工艺、材料和设备带来的相关风险。此外，还要对现有的安全管理措施下可能引发的事故类型及事故后果进行判断。

安全风险识别的主要依据包括：（1）立项报告、可行性研究报告、勘察设计资料、施工组织设计、施工方案、图纸等资料；（2）国家相关法规、行业标准等；（3）企业安全管理制度、安全管理工作流程等。随着施工作业的持续开展，工程施工现场的危险源和安全风险处于动态变化中，这意味着 JHA 需要在工作目标最相关的时间范围内进行，否则分析结果将不具有准确性。例如，在挖掘作业中，要在每班前对沟渠进行检查，但在特殊情况下（如大雨后）可能需要有选择性地开展更为频繁的检查工作，以加强分析结果的准确性。

在施工作业开始前，应审查相应的 JHA 报告，并告知工程施工现场所有与施工作业有关的人员目前正在进行的工作以及必须采取的安全预防措施。JHA 报告应包含：1）确定施工作业的具体内容，包括施工人员所需的技能、作业工具等，评估与该作业进行过程中使用或存在的特定设备、材料和程序相关的风险；2）确定保护施工人员所需的具体控制措施，保护施工人员免受安全风险带来的危害；3）由专业工程师或具备资质人员设计、监督、批准或检查保护措施或程序，并确定其中的具体操作。

JHA 是一个由管理层控制的过程，同时也需要一线施工人员参与。JHA 报告中的信息为确保施工人员安全执行作业任务奠定了基础。另外，根据项目规模和项目复杂性以及相关风险的性质，JHA 也可调查事故和"未遂"事件，以便确定其原因和预防方法。在开始作业之前，应对每个项目进行 JHA，并为项目特定的安全计划提供依据。此外，在既有安全管控措施无法满足安全生产要求的情况下，必须建立补充性的安全防控体系。对于仍然存在较高风险的环节，应当升级管控等级，实施重点监控，并配套制定专项应急预案，通过多层级防控将安全风险控制在允许范围内。

2. 风险评价法

在工程建设项目进行的过程中，风险评价是在风险识别与估测的基础上，对风险发生的概率和损失程度进行全面考虑，结合其他因素进行评估，以综合衡量风险可能性与危害程度，并与公认的安全指标进行比较，为后续决定是否采取应对措施提供科学依据。

风险评价一般从定性与定量两个角度进行分析。定性评价法主要是通过组织评价人员，依靠评价标准和自身判断能力，对现场风险进行分析，如德尔菲法、风险矩阵法等。定量评价法则需要根据所评价的对象，利用危险指数评价法、概率风险评价法等进行分析和计算，得到包括事故发生概率、事故影响范围等指标，作为安全管理决策的数据依据。

以风险矩阵法为例，该方法对风险发生的可能性和事故的严重程度进行综合分析，以确定风险的大小，并利用风险评价矩阵量化识别和评价风险。风险评价矩阵通常将风险发生可能性分为非常可能发生、可能性较高、可能发生、可能性较低、不可能发生五个等级，将事故严重性分为灾难性、非常严重、严重、需考虑、可忽略五个等级。风险矩阵法对风险发生可能性及事故严重性进行综合评价，如表 5-1 所示。

风险矩阵法风险等级 表 5-1

风险等级	说明
可忽视风险	危险性小，不会伤人
可容许风险	具有一定的危险性，虽然重伤的可能性较小，但有可能发生一般伤害事故
中度风险	虽然导致重大事故的可能性小，但经常发生事故或未遂过失，伴随有伤亡事故发生
重大风险	事故潜在的危险性较大，较难控制，发生事故的频率较高或可能性较大，容易发生重伤或多人伤害，或会造成多人伤亡
不可容许风险	事故潜在的危险性很大，并难以控制，发生事故的可能性极大，一旦发生事故将会造成多人伤亡

3. 风险控制计划法

风险控制计划指风险管理人员采取各种措施和方法，消灭或减少风险事件发生可能性的控制计划。由于安全风险具有不可控制性，风险控制的目标在于减小风险发生的可能性或将其控制在一定范围内。随着工程建设项目的发展和工程施工现场环境条件的变化，风险控制计划需要定期更新和改进。

在确定如何控制和降低风险发生的概率时，需要施工人员参与以确定具体的保护措施，并利用风险控制的层次结构来确定可能的控制措施。在确定合适的风险控制措施时，应审查之前有效的风险控制措施以及在其他工程施工现场类似情况下采取的措施，以确保更新后的措施能够有效保护工作现场的所有施工人员。尽管风险控制计划不能消除工程施工现场的危险源，但可以按照计划的步骤制定可行有效、有针对性的风险控制措施。

以高空作业为例，首先需要考虑与坠落相关的风险，以及如何消除这些危险。底层控制层次可采用穿戴个人防护设备进行控制，并努力达到最高层次的控制，即消除危险。坠落防护安全带作为个人防护设备，虽然不能消除坠落风险，但在施工人员发生坠落时能够尽可能保护其人身安全。在已有风险控制措施的前提下，通过日常安全管理工作实践，改进安全管理方法，减少施工人员暴露于风险中的程度。

此外，在开展新的作业活动或每次施工班组轮换作业之前，应收集前期事故和伤害数据，对事故内容、原因以及综合发生趋势等方面进行分析。根据分析结果改进新一轮作业的标准和安全检查标准，为进一步加强工程施工现场的安全管理提供指导性依据。

5.2.4　智能工地技术支持的施工安全管理

智能化是建筑安全管理未来的重点发展方向。智能工地的功能正日渐增多，使施工安全管理朝着精细化、智能化、信息化的方向发展。在当前的智能工地系统中，BIM、AI、VR、传感器等技术手段的迅速发展为智能化施工安全管理创造了重要契机，主要体现在以下几个方面：

1. 工程施工现场安全数据感知

实现施工安全管理智能化的核心是对工程施工现场人、机、环实时状态进行动态感知。各类传感器、智能监控摄像头等技术设备在采集工程要素数据方面发挥了关键作用。涵盖温湿度、噪声、风力、应力、应变等多类传感器，通过感知环境状态，输出模拟或数字信号，并通过转换算法将其转换为实际物理状态。智能监控摄像头捕捉工程施工现场图像数据，借助内嵌的识别算法，实现对施工目标的检测。

当前，许多工程施工现场普遍应用大量传感器和智能监控设备，如静力水准传感器用于测量沉降、应力应变传感器用于测量应力、位移计用于测量变形等。这些设备嵌入塔式起重机、电梯、脚手架等机械设备中，测量内部应力、振动频率、温度等参数，不仅有助于获取安全数据，还能辅助视频监控设备以确保施工人员及周边人员的安全。例如，在高空作业中，通过安装RFID标签以及相应的传感器，在构件对应位置获取位移、变形、裂缝等数值，当这些数值接近容许值时，后台管理人员会接收到相应预警信息，通过RFID定位技术快速锁定目标，及时进行加固与修复，以确保施工人员的安全。综合利用数据存储、收集以及分析技术，还可以对构件发生结构破坏的原因进行深入分析，从而在设计和施工技术上进行改进，防止未来施工中出现类似的安全隐患。

2. 施工要素安全状态监控

通过摄像头及时获取工程施工现场的要素情况和安全动态等信息，实现远程监控和动态管理，是防范事故发生的关键步骤。然而，目前的现场安全状态监控仍然依赖人工，效率较低。通过 AI 与视频监控的结合，可以克服这一缺陷，实现智能化的工程施工现场安全状态监控。AI 通过视频监控传输的图像数据，可以进行施工人员识别、安全隐患检测、建筑构件异常检测等工作。例如，人脸识别算法对低光照和低分辨率场景下的施工人员脸部特征进行识别，确保正确的施工人员在合适的位置开展工作；施工安全护具识别算法对视频中的安全帽、救生衣和安全带等个人防护设备进行检测，并根据位置信息进行人员的要素匹配，根据场景提出相应的穿戴要求，对未正确穿戴安全防护措施的施工人员进行预警和记录。另外，施工环境安全监控算法能有效识别未设置防护栏、防护栏有缺失等问题，结合基于运动估计的临边洞口防护及危险区域越界检测算法，当人员靠近没有设防护栏或防护栏缺失部位，进行紧急报警。安全状态智能监控对工程施工现场的"人、机、料、法、环"等要素进行集中管理，有效提高对工程施工现场和施工过程的监督水平。

3. 施工安全风险分析

BIM 可以辅助风险辨识、安全计划、安全检查等方面，并通过可视化管理平台制定安全监测与应急预案。具体而言，BIM 提供包含建筑各构件信息、施工进度计划及相应的动态信息，模拟动态施工过程，有助于辨识风险。通过可视化模型，BIM 可以实现施工区域安全风险分级管控，通过色标直观标识不同区域的风险等级，明确各安全管控级别下的禁止作业内容，从而降低因危险区域辨识不清引发的安全事故。同时，BIM 能够动态模拟施工过程中各工序的空间需求变化，识别潜在的空间冲突，有效预防物体打击、机械伤害等典型事故。

另外，VR 也在工程施工现场安全风险分析与评价中发挥着重要作用。例如，通过 VR 进行虚拟漫游，可以更直观地分析脚手架、安全网和其他临时安全防护设计，提高安全设计的质量和有效性。VR 还可以提供碰撞检测设施，用于从多个角度评估计划的施工过程模型。例如，进入空间、梯子或其他垂直进入方式，以及比较各项可用于在发生材料坠落情况下的安全防护措施。基于 VR 的虚拟施工模型，结合层次分析、蒙特卡罗、模糊数学等分析方法，可评价施工过程中的安全风险，并制定相应的安全防护措施。通过 VR 环境中的虚拟施工模型，结合智能监控技术，相关单位可以进行可视化的施工组织管理，保障施工人员的生命安全和健康。

4. 施工安全培训

在工程建设实际过程中，除了上述安全管理工作外，牢固树立长期安全意识和正确采取安全措施的施工人员安全培训也至关重要。BIM 和 VR 等技术为智能化安全培训提供了重要支持。BIM 可作为智能化安全培训的数据库，BIM 因其可提供完备信息和可视化等优势，不仅可以帮助管理人员解决项目实施中可能出现的问题，还可以帮助施工人员在多维数值模拟环境中学习特种作业施工方法、现场用电安全以及大型机械使用等，实现数字化安全培训。VR 作为智能化安全培训的工具之一，可以支持规模化的个人安全培训和安全互动培训，如虚拟事故体验、心肺复苏体验和虚拟灭火体验等。通过 VR 感受体验安全事故危害，激发人体浅层求生意识和记忆能力，不仅能显著提升安全教育的成效，还能优化培训资源利用效率，有效避免因培训效能不足导致的时间与资金浪费。这种培训方式尤其适合高难度施工工况和复杂作业环节。

5. 施工安全知识系统

除了安全培训以外，智能化安全知识系统是培养施工人员安全意识的另一种重要方式。通过安全知识系统，施工人员可以在短时间内获取专业的安全知识，缩短经验学习的过程。智能化的安全知识系统还能进行安全分析，并提供安全监管建议。管理人员可以利用安全知识系统快速了解相关的安全法规或指南，检查当前施工活动的合规性，比如确定哪些类型的空间应被归类为密闭空间，以及进入这类空间是否需要相应的资质许可证。安全知识系统还可以与 CAD、BIM 等工具结合使用，帮助识别可能存在的危险源，并制定适当的风险控制措施。此外，智能化的安全知识系统还支持事故致因分析和安全知识积累，用于建立标准化的安全事故调查程序，确保使用统一的方式整理事故数据以供深入分析。

6. 施工安全管理集成平台

施工安全管理集成平台涵盖从工程开始到工程结束的全过程，集成了安全数据感知、安全分析与监控、安全培训与安全知识系统等多个功能，对提高工程施工安全管控水平具有重要作用（见图 5-3）。例如，针对工程现场的主体结构、临时结构、机械设备等控制对象的安全协同管控难题，平台通过可视化方式与工具，一方面可以融合安全管理信息以及决策流程，另一方面可以将监控对象和监测数据以数字化的形式集成至平台中，配合专业的数据智能化分析算法，支持单类风险和多类风险耦合的分析、评估以及报警等管理业务。

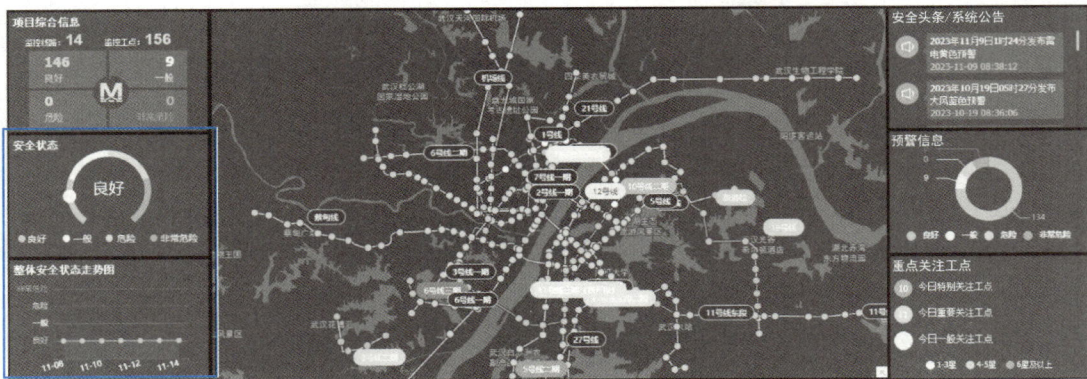

图 5-3　施工安全管理集成平台

5.3　智能工地与施工质量

5.3.1　施工质量管理需求

随着人们生活水平和生活质量的提高，对建筑物的功能、外观和舒适度等方面的要求也越来越高，这使得建筑物的功能日益多样化，施工过程也变得更加复杂。特别是对于那些投资大、参与单位众多、建设周期长的项目，项目质量管理的难度显著增加。

建筑产品虽然与制造业批量化生产的产品有着许多共同之处，但在多数情况下仍然是以其独特性为主，即每个建筑产品的质量要求都不完全相同。建筑质量不仅是产品质量，更是建设过程中的整体质量。施工质量包括使用的产品和设备的质量，还包括确保在预算范围内、按照规定的时间表，满足项目的既定目标。建筑产品质量的关键在于施工全过程的质量管理，确保选材与施工工艺达到规范规定的基本标准，保证建筑产品各项性能指标满足设计预期。为验证标准符合性，可以采取抽样检测与数理统计相结合的方法，作为判定工程成品及材料批次是否合格的重要依据。

施工质量管理具有如下特点：

（1）质量影响因素多元化：施工质量受多维度因素影响，包括设计方案、材料品质、施工技术、操作规程以及管理体系等。相较于工业产品标准化流水线生产所具有的工艺规范化、流程稳定性和设备完善性等特点，施工质量既受系统性因素（如工艺缺陷、设备故障等）影响，又面临偶发性因素（如材料性能波动、环境条件变化等）干扰，导致施工质量存在波动性。

（2）质量问题的隐蔽性：隐蔽工程指被后续施工工序完全覆盖的前道工序，如地坪基层、墙面基层、管线预埋等。若缺乏严格的隐蔽工程验收程序，易造成质量缺陷被掩盖而通过验收的情况。此外，施工过程中各类检测仪器的计量准确性若未经严格校验，将导致数据失真，影响施工质量的评判。

（3）质量验收的局限性：工程建设项目与常规工业产品不同，其建成后不具备可拆卸性。这一特性导致竣工验收时难以全面检测工程实体内部质量状况。更值得注意的是，若在最终验收阶段才暴露质量问题，其整改工作将面临技术难度大、成本高等现实挑战。

5.3.2　质量成本

质量成本的概念首次出现在 20 世纪 50 年代，被定义为实现符合标准质量目标所付出的成本，也被视为由于产品或服务质量未达到标准而导致的额外成本。换言之，质量成本是指在产品或服务及其生产过程完全符合标准的情况下不会发生的成本。目前对质量成本的理解更多地偏向于后一种定义，即质量成本也可称为"低质量成本"。实际上，质量本身并不产生成本，而是会产生收益，只有在不符合质量标准时才会带来成本。

对质量成本类型的总结有助于管理人员收集相关数据，进行成本测算、问题分析和预算提案等工作，为企业资源配置提供重要依据。具体而言，质量成本可以分为以下几个主要类别：

（1）预防成本：用于将失误成本和评估成本维持在最低水平的成本，包括与质量规划、过程控制、审图、质量培训等活动相关的成本。

（2）评估成本：评估产品或服务质量是否达到要求（符合标准）的成本，包括进货检验、实验室检验、过程质量监控、外部质检证明、校准、实地检验等成本。

（3）内部失误成本：在将产品或服务交付给用户之前，由于未能满足用户满意度和需求而导致的成本，以及由于低效生产过程导致的成本，包括生产过程报废、返工、故障诊断、销售过程报废、质量复检、质量降级等成本。

（4）外部失误成本：在将产品或服务交付给用户之后，由于质量问题导致的销售机会和利润下降等成本，包括处理投诉、服务、计划外维修、召回等成本。

美国建筑业研究院（Construction Industry Institute，CII）指出，如果在产品生产过程中任何一项工作未达到预期，则必然会产生质量成本。在施工过程中，一个主动预防型的质量系统所需要的成本（即预防成本）大概需要花费整个项目总价值的 1％，但这一投入可使失误成本从原来的项目总价值的 10％下降到 2％，从而使质量成本净节约 7％。因此，CII 提出了以下建议：

（1）减少设计变动；

（2）实施系统性的质量管理；

（3）采用标准的质量要求用语；

（4）开发并使用质量管理数据库；

（5）开发并使用质量管理系统。

5.3.3 施工质量管理体系与内容

质量管理体系是组织内部为实现质量目标所必需的系统质量管理模式，包括全部组织架构、程序和过程，能够解决与产品、服务、过程以及运营相关的所有质量问题。我国的质量管理体系主要涵盖建设单位的质量检查体系、监理单位的质量控制体系、设计和施工单位的质量保证体系以及政府部门的质量监督体系。施工质量控制是管理工程建设项目全过程的重要任务，涉及建立和运行施工质量保证体系、施工质量预控、施工过程质量控制以及施工质量验收等方面。完善的组织架构是保障施工质量的基础条件，这既需要合理设置专业管理部门并配备足够人员，又要求确保人员专业素质达标且管理制度完备。通过建立科学的质量管理运行体系，能够规范质量管理流程。此外，构建有效的监督约束机制，可以增强质量管理人员的工作责任感和主观能动性。

质量管理内容主要包括质量监督、质量审计等方面。其中，质量监督是系统性、独立且有记录的证明或评价过程，包括产品监督、过程监督、系统监督、相符程度监督和适当性监督等主要类型。质量审计则是对某既有行为体系进行检查、检测和调查，以判断其是否达到或满足相关质量标准。全面质量审计对于保障企业组织的长期质量目标具有重要意义。在工程建设项目的不同阶段，质量审计工作有不同的重点，具体如下：

1. 设计阶段

建设工程设计工作贯穿于整个工程的全过程。设计阶段进行质量管理，主要是为了保障设计文件完整合理、设计图纸符合设计要求，并为施工阶段的有序开展打下良好的基础。设计阶段的施工质量管理主要包括以下内容：

（1）设计策划

为了满足设计要求，确保施工质量，在接到项目设计任务书后，应对项目人员进行统筹，进行项目任务分配和岗位职责的策划，形成详尽的策划文件。在此过程中，需根据不同专业提出质量要求，明确设计的准则和注意事项。同时，应全面收集工程建设资料，编制项目可行性报告，明确设计内容、期限、质量等要求，并签订设计合同。

（2）方案设计

方案设计旨在满足设计任务书中明示或隐含的外观、经济和功能的初步构想。它是对单位工程或分部（分项）工程中某施工方法的分析，对施工实施过程所需的劳动力、材料、机械、费用以及工期等进行技术经济的分析。在此过程中，力求采用新技术，选择最优施工方法（即最优方案）。对方案进行评审是保障设计质量的关键，需要由项目负责人组织各专业人员进行会议探讨。

（3）施工图设计

施工图设计是将建筑设计理念变成现实的重要过程，通过规范化的图纸表达设计者的意图和设计结果，作为后期施工的重要依据。在设计过程中，应严格遵守国家发布的相关规范，并对该过程进行严格质量管理，确保设计质量达到预期要求。应敦促设计单位在约定的期限内保质保量地提交设计图纸。在收到设计图纸后，应及时组织相关人员对图纸进行审查，发现设计问题并及时向设计单位反馈。

2. 施工阶段

施工是形成工程建设项目实体的关键过程，也是决定最终产品质量的关键阶段。施工阶段涵盖众多内容，每个环节都具有至关重要的作用。微小的材料差异、操作变化、环境波动以及机械设备磨损等因素都可能导致质量变异。工程建设项目建成后，若发现质量问题，无法像工业产品那样拆卸、解体或更换配件。因此，必须加强施工阶段的质量管理工作，以提高工程建设项目质量管理水平。施工阶段的质量管理内容主要包括：

（1）工序质量监控

在施工过程中，各个工序之间可能存在一定的关联性。因此，对工序质量进行监控有助于准确把握施工质量。工序质量监控的重点在于对过程的管控，而不仅仅局限于结果。这包括设置工序质量控制点、遵守工艺规程、检查工序活动的质量等。对于专业性强、难度大的分部分项工程，应重视对施工单位作业状态的控制，经常检查人员、机械、作业环境和安全设施等情况。

（2）过程质量检验

过程质量检验主要对正在进行或即将进入下道工序的工作进行检验，判断施工内容是否符合设计或标准要求，以决定是否继续施工或暂停整改。例如，在分部分项工程施工阶段，应根据监理方案、施工组织设计及验收规范对施工过程进行检查。若发现质量或安全问题，应及时下发整改通知书并备案。

（3）设计变更管理

设计变更必须得到建设、监理、施工和设计单位的确认，由设计单位负责修改，并向施工单位签发设计变更同意书。确定设计变更方案后，各单位应立即按要求进行调整，以防出现差错。技术资料是施工过程中技术、质量和管理活动的记录，是评价工程质量水平和进行施工质量追溯的可靠依据。施工单位必须严格按照规范制定的标准和细则进行施工数据的记录和整理并归档。不得私自篡改，以保证工程施工质量和质量管理的有效性。在施工单位完成每项隐蔽工程、关键工序及重要质量控制点后，应及时填写工序质量报验单。

（4）人员、设备及材料管理

要建立健全的施工人员管理制度，为工程建设提供可靠的人力保障。具体而言，需强化对施工人员的规范化管理，明确岗位职责，确保每个人都能各司其职。对于机械设备的管理，需要做好存放保养工作，建立规范的使用登记制度，延长设备的使用寿命。另外，要完善材料采购的标准化流程，制定材料质量标准，从源头把控材料质量。

3. 竣工阶段

施工阶段结束后的验收、竣工交接工作，对建设工程的整体质量有很大影响。竣工阶段的质量管理主要包括以下内容：

（1）制定竣工标准

竣工验收是指整个工程建设项目按设计要求全部建设完成，并经监理单位认可签署意见后，向业主（总包方）提交"工程验收报告"。随后，由业主（总包方）组织设计、施工、监理等单位进行项目竣工验收。由于整个建设工程涵盖内容众多，各分部分项工程也存在不同的特点，因此应为各细分工程领域制定详细的验收标准，如土建工程验收标准、安装工程验收标准、人防工程验收标准等，以确保最终的建筑产品达到竣工标准。

（2）整理工程竣工验收资料

工程竣工验收资料是项目后期使用、维护、扩建和改造的重要依据。在工程交接时，必须将所有工程技术资料分类整理并移交建设单位，主要包括：施工许可证、工程质量评估报告、规划验收合格文件、消防与环保验收证明或准许使用文件、工程质量保修书以及其他相关必备文件。

（3）开展竣工验收工作

在完成所有分部分项工程后，施工单位应组织内部预验收，整理竣工资料，并正式提交书面竣工验收申请。建设单位在收到申请后，需对工程现场进行全面核查，如发现质量问题，应以书面形式要求整改。同时，应对施工单位提交的竣工资料进行严格审查，对不符合规范的部分提出补充和完善要求。

为了提升施工质量管理的标准化水平，我国针对不同类型的工程建设项目发布了一系列标准。例如，住房和城乡建设部于2013年批准发布了《建筑工程施工质量验收统一标准》GB 50300。在该标准的修订过程中，编制组考虑了诸多因素，并鼓励将"四新"技术（即在行业内采用新技术、新工艺、新材料、新设备的技术）推广应用，提高检验批抽样检验的检测水平，用来解决建设工程施工质量验收中的具体问题。此外，住房和城乡建设部还针对不同工程部位的特点制定了针对各专项工程的施工质量规范，例如《建筑地基基础工程施工质量验收标准》GB 50202、《砌体结构工程施工质量验收规范》GB 50203、《混凝土结构工程施工质量验收规范》GB 50204、《钢结构工程施工质量验收标准》GB 50205、《木结构工程施工质量验收规范》GB 50206、《屋面工程质量验收规范》GB 50207、《地下防水工程质量验收规范》GB 50208 等。

5.3.4　智能工地技术支持的施工质量管理

施工执行阶段的工程质量管理应着重两方面：充分理解设计意图和制定施工方案。通过使用 BIM 模型进行图纸会审、设计交底、施工方案模拟、优化与交底，辅助提升管理工作质量。利用 VR 技术建立虚拟质量样板，按照施工准备阶段的方法和措施严格控制质量影响因素的源头和工程实体形成的过程。采用三维激光扫描、无人机倾斜摄影和各类传感器，采集施工质量数据，提高实测实量水平。基于移动通信技术，完成质量日常检查、问题整改、整改复查、工程验收等工作，高效完成施工质量数据的收集、存储，并可导出质量数据供验收使用，为质量改进提供可靠的数据基础。

1. 基于虚拟模型的质量分析与推演

目前，设计和方案的形成过程主要依赖人工，而施工流程展示多依据二维图纸，导致空间描述性不足，可能在施工中出现问题后才得以解决。相较于传统的二维图纸审查，利用虚拟模型可以及时发现设计缺漏、设计冗余、信息表达不完整、位置表达不明确、空间存在碰撞等质量问题。通过 BIM 建立多专业综合样板间模型，对各专业进行深化设计（如地砖排布、桌椅排布、插座数量和位置、管线铺设等），之后导入各种装饰装修的信息。在设计阶段，借助 VR 环境中的虚拟模型，对多种施工方案进行比较，让项目相关方在虚拟环境中看到方案中可能出现的工程质量问题，好处在于处理问题时可以直接在虚拟模型中进行修改，减少因方案不完善所带来的质量问题。

施工方案的质量管理数字化策划能够利用三维可视化的价值优势，通过模拟、计算、分析、方案比选等制定出科学合理的施工方案，形成覆盖项目的全生命期（设计过程、建造过程、辅助生产过程、使用过程）的数据集，支持工程质量管理的各项具体工作。例如，通过构建模型分析电器暖通管道净高，提前预知各管线净高并进行合理优化，减少二次返工、节约工期、降低建造成本。又如，开展水、电、暖通各专业的碰撞检查，输出碰撞检查报告，在满足设计要求和建筑实用性的前提下对建筑安装管线进行合理的优化排布，提高安装工程的施工效率和质量。

"推演"是优化设计与方案、提高质量水平的主要方法。其概念就是将拟建工程的相关部位、多专业整体拟合在一起，结合所处环境条件，寻找问题并进行优化。"数字推演"是将数字技术融入"设计—制造—物流—施工"等过程的推演，对各环节、各要素进行技术优化和管理提升。以图 5-4 为例，在虚拟模型中优化管线布局，减少因各类管线位置冲突造成的质量问题。数字推演的优势如下：

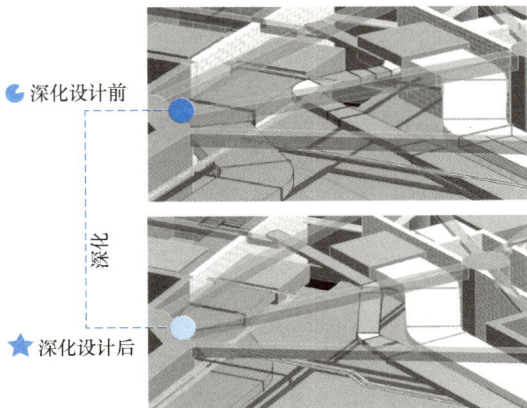

● 深化设计前

深化

★ 深化设计后

图 5-4　基于虚拟模型的质量分析

（1）提高工程设计的可靠性：在设计阶段利用数值仿真计算技术提前模拟工程结构在使用期间的性能，依据仿真结果评估工程的可靠度，基于工程可靠度计算结果开展工程结构选型、材料比选等，进而提高工程设计的可靠性。

（2）提前发现工程潜在问题，提供控制方案：在工程施工策划阶段，利用数值仿真计算技术模拟工程中可能出现的各类工况状态，分析施工过程中可能出现的各类质量风险，让工程师提前预估工程建设外界因素对工程质量的影响，从而提供针对性的控制方案，降低施工成本，缩短施工周期。

（3）模拟试验，节约试验成本：数值仿真计算技术可协助专业技术人员模拟危险环境下的试验或极端情况下的施工工况，利用仿真试验代替现场试验，并针对不同施工方案的仿真结果进行核对以及比选，从而减少试验次数，节约试验成本。

2. 智能化质量数据采集

类似于安全数据采集，各类数据采集设备减少了人工采集质量数据的需求。例如，大体积混凝土无线温度控制系统能够利用传感器远程监测混凝土表面的温度，并根据采集到的数据自动调控水冷却系统，从而保障大体积混凝土的施工质量。智能回弹系统则用于普通和高强混凝土强度现场检测及远程管理，实现了混凝土强度数据从采集、分析到管理的一体化服务（见图 5-5）。智能靠尺、智能塞尺、智能角尺等智能化实测实量工具由测量模块、数显模块、通信模块、处理模块等组成，与专有的数据接收与处理软件形成一套完整的工程测量工具，确保了工程施工现场测量数据的及时性与准确性。此外，三维激光扫描仪作为获取空间技术的有效手段，能大面积、高分辨率地快速获取被测对象表面的三维坐标数据，快速采集空间点位信息，生成精确的点云数据，从而支持工程质量检测。具体包括：

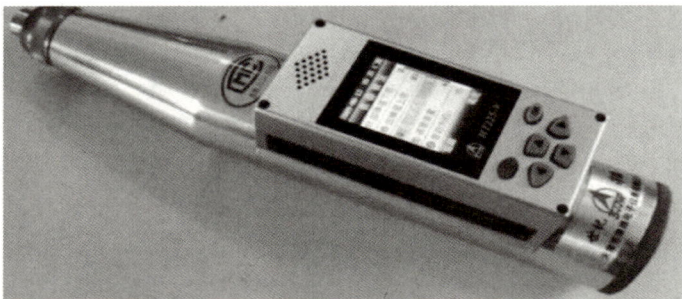

图 5-5　智能回弹系统

（1）基于点云数据模型的实测实量：实测实量是指利用专业测量仪器采集已建成建筑结构的实际尺寸、空间净距、垂直度和平整度等几何参数。基于三维点云技术建立的数字化模型完整记录了建筑物的主要几何特征，通过专业软件可直接提取相关测量数据，从而实现高效的实测实量作业。

（2）点云逆向捕捉建模：对现有建筑进行建模是一项既耗时又费力的工作，传统方法测量建筑内外区域勘测数据的效率低下。利用激光扫描仪可以高效快速地扫描建筑，生成三维点云数据。通过识别点云数据里的特征点、线、面，结合照片的特征进行快速逆向建模，创建建筑物的数字化模型，用于后期的改造设计。

（3）预制构件的检测与模拟预拼装：使用三维激光扫描仪获取预制构件的三维点云数据，获得其真实的尺寸，检查其制作质量；点云模型与构件的 BIM 模型进行比对，并进行模拟预拼装，全面判断构件是否符合要求。

（4）BIM 模型与点云模型对比进行结构验收：传统抽样检测方法因覆盖范围有限，难以完整呈现整体的施工质量状况。相比之下，BIM 模型完整记录了设计的所有几何参数，而三维点云模型则精确捕捉了实体建筑的全部几何特征，通过两者对比可以反映建筑的实际建造误差，辅助结构验收。

3. 质量信息集成平台

以 BIM 模型为基础，集成施工进度动态以及施工产品标准要求，结合项目特点，将工程质量管理要求和过程数字化，根据施工顺序和组成构件将工程分解到检验批，使检验批与 BIM 模型的实体构件相对应，则每一个 BIM 实体构件包含了规范要求的质量控制参数，形成了相应的质量控制点以及基于 BIM 的工程质量管理模型。将所有施工工序转化

成图文内容，每一道工序流程标准都包含在一个专门的二维码内，施工人员只需在移动端
"扫一扫"就能快速查询到各工序施工工艺和质量把控要点，这既能保证交底的全面性，
又保障了交底的随时性。通过移动端信息同步，实施日常检查、问题整改、整改复查、工
程验收等工作。例如，管理人员在现场发现质量问题后，在移动端选择相应功能模块，指
定待巡检区域并拍摄现场实况照片。针对检查中发现的不合格项，需根据问题严重程度判
断是否发起整改流程，同时完整填写整改通知单中的必要信息。相关主体可实时收到整改
通知单，并在整改完成后通过移动端进行回复，实现"发现质量-指派整改-完成整改-复查
销项"的协同模式。

　　BIM模型的属性功能可以将工程质量管理模型中的质量控制参数、施工组织等信息
附加到BIM模型中。在施工进度模型的基础上，将实体构件与包含施工产品信息、组织
信息、过程信息的工程质量管理模型相结合，在施工的同时可提供当前施工构件的质量标
准，可以指导施工人员更好地完成符合规范要求的施工产品。通过对BIM属性的识别，
将模型与对应质量数据结构链接以调用质量数据，显示基于施工质量规范的质量控制点参
数，从而清晰完整地表达质量要求，施工完成后的验收过程也主要参照这部分的标准要
求。在质量控制参数的控制属性中会说明该控制点的检验次数及验收标准，质量组织信息
则来自建设项目的合同签订对应的责任分配，需明确说明从项目组织结构到该构件施工人
员、监理人员、质量检测人员等组织和人员信息。一旦发生质量事故，可以作为追责的重
要依据（见图5-6）。

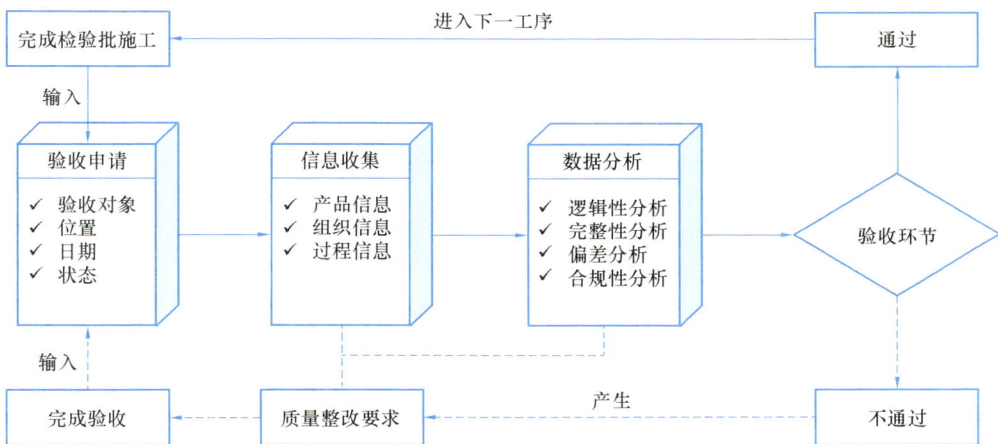

图5-6　质量信息集成与问题闭环

4. 施工质量提升装备

　　质量管理数字化设备大多以提高工作效率为目标，通过机器人替代人工作业，减少人
员技术水平、疲劳程度、责任心等主客观因素的影响，从而提升工作质量水平。例如，焊
接机器人采用机械化可编程工具，通过执行焊接和处理零件实现焊接过程的自动化，确保
焊接作业的质量；砌筑机器人采用带砖块吸附机构的机械臂、多舵轮运输底盘、自动上砖
与砂浆泵送机，结合自动定位技术和虚拟砌筑技术，保证砂浆的饱和度和砌砖的精确位
置，减少墙体质量问题（见图5-7）；墙面喷涂机器人使用AGV底盘，通过机械臂精准控
制喷头，支持手动远程遥控和自主移动，借助激光雷达、摄像头、声呐等传感器进行自主

导航与定位，可在黑暗中连续不间断地工作；移动钻孔机器人通过简便的控制程序和激光定位引导，保证了毫米级工作精度和施工连续性；智能放样机器人集成了自动目标识别、自动照准、自动测角与测距、自动目标跟踪、自动记录等功能，可以实时动态监测目标点位位置和形变，支持大型建筑主体变形监测。

5. 基于知识支持的质量控制系统

现行施工质量管理仍以人工方式为主，需要手动查阅相关规范、标准后逐项核验，并对施工过程实施监督。这种方式不仅工作效率低下，也难以有效规范施工质量责任主

图 5-7　砌筑机器人

体的行为。加之个人对质量控制的理解可能存在偏差，相关工作存在明显的主观性，而且容易出错。因此，建设工程质量管理需要结合现代知识管理理念和信息技术，从知识分类、知识活动、知识管理支持系统等角度，对大量质量数据进行分析统计、提炼和更新质量控制知识，支持工程质量相关知识的规范化和智能化应用，加强知识在质量控制流程中的作用。

知识库作为知识存储的载体，是按照特定规则构建的相互关联的事实数据集合，是经过科学分类和组织的结构化知识资源。知识库技术已在多个行业成功应用，为施工质量知识库的建立提供了参考。施工质量知识库通过系统整合施工单位、监理单位、质监机构的质量控制要点、管理经验及专家知识，形成标准化、体系化的知识储备，构建行业知识共享与决策支持平台。其知识来源主要涵盖国家法规数据库、工程技术标准库、质量通病案例库、质量问题分析知识库以及以往各类型工程质量控制点设置经验库。知识库的建立有助于经验知识的保存和延续，集领域专家之众长，使领域知识更趋完善，形成一个知识不断转化与共享的良性循环。

搭建知识库的意义具体体现在知识的积累、知识的共享和知识的创新三个方面。知识库提供了知识存储的场所，整理并系统化存储了凌乱、分散和无序的信息。以知识库为中心，各主体的知识得到聚集和共享，激发从业人员的学习动力，促进行业整体素质和个人知识水平的提高。另外，个体的隐性知识在新的流程中不断转化为行业的显性知识，从而促使行业的不断创新。

5.4　智能工地与环境可持续

经济的快速发展和科技的不断进步推动了建筑业的革新。然而，相对粗放的建筑管理模式依然对自然环境和建成环境造成多方面不良影响，噪声、扬尘、污水、固体废弃物以及光污染等施工所引起的环境负担仍然显著。通过智能工地的建设，可以在工程建设过程中最大程度地降低对环境的负面影响，这是实现建筑业高质量发展与环境可持续发展的重要方向。

5.4.1　工程建设对自然环境的影响

工程建设是一项高耗能、高排放的活动，其施工过程可能对自然环境的多个方面产生负面影响，包括大气环境、水环境、土体、生物多样性以及植被等。每个方面的具体影响概括如下：

1. 大气环境影响

在施工现场进行挖掘、物料堆放、搬运等活动产生的扬尘，以及机械设备和运输车辆排放的尾气，会释放各种有害物质，其中最主要的包括颗粒物、二氧化硫、一氧化碳和氮氧化物等，都会对大气环境造成一定的污染。颗粒物会在空气中持续停留，形成雾霾天气，二氧化硫和氮氧化物则会与水蒸气形成酸雨，严重危害土地上的植被和生态系统。通常情况下，施工过程中产生的扬尘属于瞬时污染源，其特点是粉尘颗粒粒径较大，扩散范围相对有限，主要影响区域集中在施工作业面周边约 100m 半径范围内。

2. 水环境影响

水环境影响包括建筑材料搅拌和水泥构件养护所排的废水以及工程施工现场的生活用水。在工程建设过程中，施工泥浆所含泥沙成分易造成市政管网沉积堵塞，影响城市排水系统的正常运行，并对受纳水体的水质造成负面影响。同时，施工现场产生的生活污水若未经处理直接排放，也将对周边环境造成污染。另外需注意的是，施工中为改善土体强度和抗渗能力所采取的化学注浆也会影响地下水质。此外，郊区的坑塘沟渠常被作为建筑垃圾的主要倾倒地点，这种做法不仅削弱了水体的调蓄功能，也降低了地表排水与泄洪的能力。如图 5-8 所示为某市建筑垃圾处置污染水体的案例。

图 5-8　建筑垃圾污染河塘水环境

3. 土体影响

随着城市建筑垃圾量的增加，建筑垃圾堆放场的面积也在扩大。建筑垃圾堆放场普遍采用露天堆放方式，在长期日晒雨淋作用下，垃圾中的有害成分（包括油漆、涂料、沥青等建筑材料释放的多环芳烃类化合物）会随渗滤液进入土壤环境。这一过程将引发复杂的物理化学反应和生物作用，导致周边土壤生态系统遭受污染。如图 5-9 所示为某市建筑垃圾随意倾倒堆存所导致的土体污染案例。

图 5-9　建筑垃圾污染土体

4. 生物多样性影响

工程建设对生物多样性的影响主要表现在破坏生态环境。首先，工程建设需要大量的土地以及水、木材、金属等资源，这会直接破坏自然生态环境，尤其是对于一些面积较小的陆地生态系统。其次，工程建设活动还会带来大量的噪声和振动，对周围的生态环境和野生动植物造成不利影响，特别是对于鸟类、猫科动物等生活习性敏感的物种，常常会因为噪声和振动而改变栖息地和迁徙习惯，导致生态系统失衡和生物多样性下降。最后，工程建设活动还会产生大量废弃物和污染物，直接影响动植物的栖息地和食物链。

5. 植被影响

工程建设对植被的影响主要表现在破坏、移除和替换等方面。出于开发和建设需求，往往需要砍伐植物或者将原有的植被直接清除，这一活动造成了不可逆转的人为破坏。首先，工程建设常常需要平整地面、改变地形，这就需要移除周围的植被，包括树木、灌木和草地等，以便进行之后的施工活动。植被的移除会导致局部生态系统崩溃，减少了植被的生长空间，破坏了区域内自然风貌和景观。此外，植被的移除还会影响气候和水文环境，可能会导致降雨不足、洪涝灾害等自然灾害的增加。其次，工程建设活动还会破坏植被的生长环境。例如，施工过程中的扬尘也会阻碍植物光合作用，这种阻碍作用主要表现在产生遮蔽影响、堵塞叶片气孔、损伤植物组织、破坏叶片表面蜡质层、促进附着物种生长等方面。在施工完毕后，若不能及时进行恢复，原有的植被可能会受到较严重影响。

5.4.2　工程建设对建成环境的影响

建成环境是指为包括大型城市环境在内的人类活动而提供的人造环境。除上述对自然环境可能带来的污染，工程建设还对建成环境具有不利的影响，包括噪声污染、扬尘污染、光污染和固体废物污染等，给人类的生产生活带来诸多不便甚至损害。

1. 噪声污染

噪声污染会对周边的声环境产生许多影响，降低周边居民的生活质量。一方面，它会导致人产生诸多身体健康问题，长期暴露在高强度的噪声下会导致听力受损、睡眠问题、头痛等。另一方面，它也会对人的心理健康产生影响，噪声会干扰人们的休息和放松时间，增加了心理压力和不适感。施工噪声主要来自三个方面，分别是施工机械噪声、临时作业噪声以及施工人员噪声。工程建设过程中的各类机器运作以及进出工地的各类交通工具通常都会产生较大的噪声，是区域环境噪声和交通噪声的主要来源，对建成环境尤其是施工场地附近的影响较为严重。根据2019—2022年的中国环境噪声报告显示，噪声扰民问题在生态环境部"全国生态环境信访投诉举报管理平台"接到的公众环境投诉举报事件中占比持续上升，工程建设噪声投诉事件在全部噪声投诉事件中所占比例持续居高（见图5-10）。

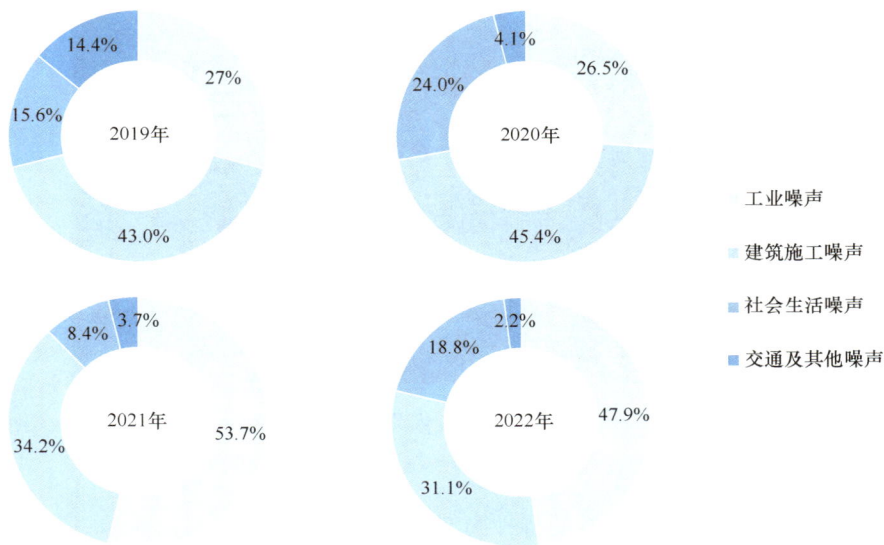

图 5-10　2019—2022 年噪声投诉类别分布比例

2. 扬尘污染

在建设工程施工阶段，扬尘已逐渐成为城市雾霾天气的罪魁祸首之一，是现代城市主要的大气污染源。研究表明，长期处于高浓度飘尘环境中的人群容易患上慢性阻塞性肺部疾病，心脑血管疾病的发病率和死亡率也会升高。城市建筑扬尘会散射阳光，降低空气能见度，改变城市气候，给市民的交通和日常生活带来严重不便。城市扬尘中的颗粒物可被人体吸入，其中较粗的颗粒会侵害呼吸系统，易引发哮喘病，而较细的颗粒会降低肺功能，易导致心血管疾病和呼吸系统疾病等。

施工扬尘的主要来源包括地面扬尘、渣土运输、施工机械作业、材料堆放以及气象条件几个方面。在工程施工现场，地面裸露、土壤表面未被覆盖或覆盖不严密时，施工机械的作业会产生扬尘。大量渣土运输若未进行灰尘控制，会导致大量扬尘污染。挖掘、爆破、破碎等施工机械作业也是扬尘的重要来源。工程现场需要堆放建筑材料和设备，若不妥善保管，同样会产生扬尘。在风力较大或空气湿度过低的天气条件下，扬尘更容易产生和扩散。

3. 光污染

光污染是指因投入了过量或者不合理的光线，导致夜间环境质量下降的现象。工程施工现场的光污染来源包括施工照明灯光、焊切弧光、施工机械灯光等（见图 5-11），使用不合理的照明设备或灯具，照射范围过大、光照强度过高，这可能会影响周边居民的正常生活。例如，光污染使人们难以进入深度睡眠，扰乱生物钟，导致人体褪黑激素的产生水平降低。长期暴露在过强或不适宜的照明环境下，会对人体的视力、神经等产生不良影响，甚至引发癫狂等精神疾病。此外，光污染还会造成能源浪费，过多的照明设备使用增加了城市的能源成本。

图 5-11　工程建设光污染

4. 固体废物污染

固体废物污染指人类活动产生的各种固态废弃物通过不恰当的处理或随意倾倒，造成环境质量下降和生态系统受到破坏的现象。工程建设过程中产生的固体废物包括施工期挖掘的土方、废渣土、弃土、淤泥以及剩余的多种废物料等。建筑垃圾中的细菌、病毒以及挥发性有机物和甲醛等有害气体，若排放到空气中，将对人体健康造成危害。此外，建筑垃圾堆放还有失稳垮塌风险，危害人员安全。2015 年 12 月 20 日，某市某工业园发生人工堆填土垮塌重大安全事故（见图 5-12）。该事故造成 70 余人死亡，33 栋建筑物被掩埋

图 5-12　渣土事故救援现场

或损坏，导致 90 家企业生产受影响。

此外，工程建设还会对居民的交通出行以及人文景观形成破坏，并且这种破坏可能是不可修复的，这种情况一旦发生，将带来不可挽回的损失。

5.4.3　环境管理与绿色施工

工程建设项目环境管理指在工程建设项目实施过程中，通过规划、监测、评估和控制等一系列管理活动，对项目所处环境进行全面管理。其核心意义在于采取措施降低对生态环境的破坏，使建设活动更加绿色、节能、环保，同时为企业创造更好的经济效益。通过制定并实施绿色施工相关的政策法规和标准规范，可以推动行业规范化和标准化建设，增强行业的自律和监管，促进相关领域技术和理论的进步。具体而言，工程建设项目环境管理涉及环境勘察、环境保护、环境善后等多个方面，主要任务如下：

环境影响评价：在工程建设项目立项之前，进行环境影响评价，评估项目对周围环境可能产生的影响，并制定相应的治理方案。

环境规划设计：在工程建设项目实施过程中，充分考虑环境因素，在工程设计阶段开始思考如何减少环境污染，提高资源利用效率，形成可持续的发展模式，同时满足国家和地方的相关环境法规。

环境监测与管理：在工程建设项目实施过程中，进行环境监测与管理，实时监测项目可能对周围环境造成的影响，确保环境污染得到有效控制，保障项目的合规性和可持续。

废弃物管理：工程建设项目往往会产生大量废弃物，应在项目实施过程中采取合理的废弃物管理方法，包括分类回收、无害化处理等，确保废弃物不会对周围环境造成二次污染。

20 世纪 60 年代，美国作家 Rachel Carson 在其著作《寂静的春天》中系统揭示了工业污染对生态系统的多重危害，唤醒了很多读者的环保意识，为绿色运动的兴起提供了重要推动力。在此影响下，国际上先后倡导"绿色建筑"和"可持续建筑"理念，标志着绿色思想在建筑业的逐步深化。1996 年，David A. Gottfried 等 20 余位专家在《Sustainable Building Technical Manual》（可持续建筑技术手册）中介绍了可持续建筑从决策、设计、施工到运维的所有阶段，为现场施工提供了绿色施工的指导。

美国绿色建筑委员会（U. S. Green Building Council）将绿色建筑定义为"设计、建造和运营建筑，以最大限度地提高居住者健康水平和生产力，减少资源使用，减少浪费和负面环境影响，并降低生命期成本"。住房和城乡建设部发布的《绿色施工导则》将绿色施工定义为：在保证质量、安全等基本要求的前提下，通过科学管理和技术进步，最大限度地节约资源与减少对环境负面影响的施工活动，实现"四节一环保"（节能、节地、节水、节材和环境保护）。

绿色施工注重资源高效利用和环境保护，是我国可持续发展战略在工程施工中的具体应用，是一种强调施工过程与环境友好、促进建筑业可持续发展的模式。绿色施工总体框架包括施工管理、环境保护、节材与材料资源利用、节水与水资源利用、节能与能源利用、节地与施工用地保护等方面（见图 5-13）。有效的材料管理提高了项目的可持续性，并有可能降低项目成本。在产品采购和交付方面与供应商合作可以减少固体废物。

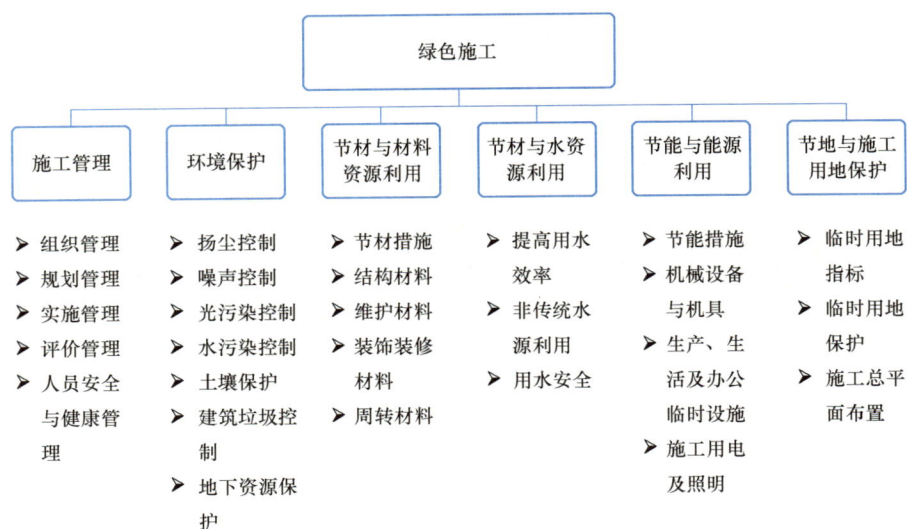

图 5-13　绿色施工总体框架

绿色施工评价体系在国外的发展较早，随着环保理念在建筑业的不断发展，20 世纪 90 年代以后各国相继推出了绿色施工评价相关的标准和体系，形成了相对完善的绿色施工规范和较为成熟的评价体系和方法。21 世纪初，全球性的过度耗能问题和环境污染危机逐渐加剧，国际规范委员会（International Code Council）、美国建筑师学会（American Institute of Architects）、美国绿色建筑委员会（U. S. Green Building Council）以及照明工程学会（Illuminating Engineering Society）等相关组织对绿色理念的重视程度逐步上升，发布了《International Green Construction Code》（国际绿色施工标准），对现代建筑的绿色施工活动提出了明确的规范要求。与此同时，我国对生态环境可持续发展的重视程度逐渐增强，紧跟国际绿色施工的发展形势，制定了一系列标准和规范，明确了绿色施工的发展方向（见表 5-2）。

国内绿色施工相关文件　　　　　　　　　　　　　　　　表 5-2

年份	标准或规范	特点
1995 年	《中国 21 世纪发展指导纲要》	在建设工程方面，明确了关于绿色施工方面的总体发展方向
2002 年	《中国建筑绿色施工技术评估手册》	建立了我国特色绿色施工和绿色施工的评价标准，并且也是我国第一次提出绿色施工评价体系
2005 年	《绿色施工技术指南》	在建筑全生命期的基础上，建立了关于绿色工程建设技术的评价体系
2007 年	《绿色施工导则》	我国第一部关于绿色施工的指导性文件，提出了绿色施工的概念、包含"四节一环保"的绿色施工基本框架以及四新技术的发展应用
2010 年	《建筑工程绿色施工评价标准》	为业主和政府主管部门检验绿色施工效果提供了标准，围绕《绿色施工导则》中的"四节一环保"五大要素进行评价，并给出了相应的评价规则

续表

年份	标准或规范	特点
2014 年	《建筑工程绿色施工规范》	详细阐释了地基与基础、主体、装饰装修等各个施工阶段的绿色施工技术要点，为项目各参建方更好地践行绿色施工提供了依据
2015 年	《绿色建筑评价标准》	标志着我国绿色建筑评价标准达到了国际绿色建筑评价标准的先进水平

除了国家层面发布的相关标准，部分省市，如湖南省、四川省、广州市、上海市、天津市、成都市等，也根据本地特点出台了地方性的绿色施工评价标准。

5.4.4 智能工地技术支持的环境可持续

在工程施工现场，防止对环境造成污染是重要的管理工作，确保施工过程达到绿色建筑标准是企业履行生态环保社会责任的应有之义。智能工地的一系列技术可实现低碳减排，既提高了生产效率，又实现了经济效益与生态效益的双赢，促进可持续发展。例如，施工噪声监测、施工扬尘监测、智能电表、智能水表、智能照明、降尘喷淋系统、雨水回收系统、废旧钢筋回收系统等多种环境监测设备（见图 5-14）。

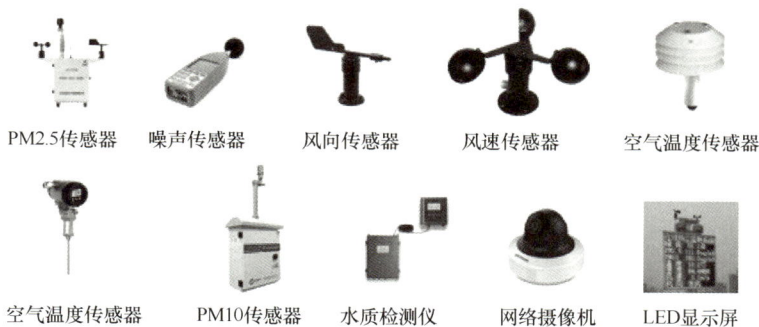

PM2.5传感器 噪声传感器 风向传感器 风速传感器 空气温度传感器

空气温度传感器 PM10传感器 水质检测仪 网络摄像机 LED显示屏

图 5-14 环境监测设备

1. 施工噪声监测

根据现行国家标准《建筑施工场界环境噪声排放标准》GB 12523，工程建设场界环境噪声排放限值昼间不大于 70dB（A），夜间不大于 55dB（A）；同时规定夜间噪声最大声级超过限值的幅度不得高于 15dB（A）；标准要求使用 2 级及以上积分平均声级计或噪声自动监测仪。

在工程施工现场主通道和工地大门处布置环境噪声监测仪器（见图 5-15），对噪声进行实时监测，并将监测数据及时传输至智能工地环境监测平台，实现实时监测、云备份、数据分析、事件管理、设备管理、后台管理等。当噪声超过限值时在平台上进行预警，通知相关人员采取降噪措施。

2. 施工扬尘监测

扬尘在线监测系统工作原理为光散射法，当空气中的悬浮颗粒通过感光区时，与颗粒成正比的光通量被散射，经过光电转换和处理后，得到颗粒的粒径当量和收集的颗粒数

图 5-15 在线监测仪器

量。空气中悬浮颗粒的质量浓度可以通过计算和分析颗粒的大小和数量来获得。

将 PM2.5、PM10 监测传感器设置于工程施工现场主通道、工地大门口等位置，实时监测空气中 PM2.5、PM10 等物质的含量，并将监测数据自动上传至智能工地环境监测平台，形成扬尘排放统计图，当监测因子浓度超标时进行报警提示，并与布置在现场的喷淋系统联动（见图 5-16）。降尘喷淋系统支持远程操控喷淋设备运行，能够与雾炮装置、塔吊喷淋、建筑立面喷淋等设施实现联动。该系统提供手动与自动双重控制模式，通过多设备协同改善工程施工现场的空气。

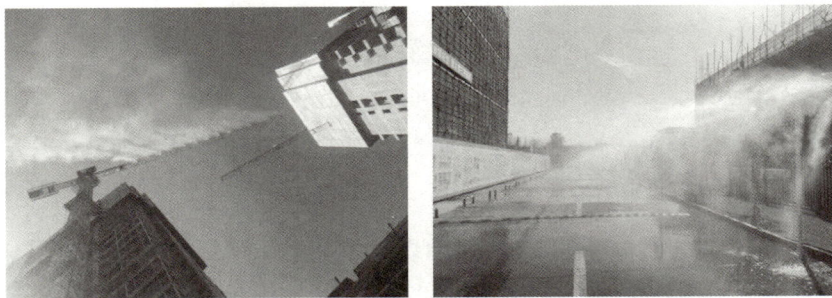

图 5-16 降尘喷淋系统

3. 智能水电管理

构建用水用电管理体系，在工程施工现场、办公区和生活区布置安装智能水表电表，统计各区域用水用电情况，上传至智能工地环境监测平台，形成用水用电量报表，管控工程施工现场用水用电情况。

智能用电管理系统通过实时获取用电数据，并上传至管理平台进行可视化分析，实现电能计量自动化、能耗状态可视化以及异常用电预警等功能，提升工程施工现场用电管理水平。智能用水管理系统则依托分区监测，支持水量自动统计、实时查询以及异常用水报警，为项目节水提供智能化支持。

4. 雨水回收系统

雨水综合利用集节水减排、污染防治和生态改善于一体，主要通过雨水回收系统对路面、屋面的雨水进行收集（见图 5-17）。一部分雨水通过渗透管网收集，并经过储存处理后利用；另一部分雨水则排入市政管网，回到城市排水系统中。在收集到雨水后，智能控制系统通过温湿度传感器实时采集室内环境数据，驱动屋面喷淋装置将经过处理的回用雨水喷洒至活动板房屋顶，既能实现室内环境的高效降温，又能提升水资源利用效率。

图 5-17　雨水回收系统

5. 建筑垃圾智能管理

利用"互联网＋车联网＋大数据＋AI＋区块链"等技术，围绕建筑垃圾的产生、分类、运输、流向、计量等核心环节，对建筑垃圾从工地装车（产生）、渣土车运输（运输）和消纳场卸土（消纳）或资源化进行全流程管理。此外，还可以利用废旧钢筋回收提醒系统、智能地磅系统等举措，提升建筑垃圾管理水平。例如，废旧钢筋智能回收系统通过在施工现场配置智能传感回收箱，当施工人员投放的废旧钢筋达到预设重量阈值时，系统自动触发回收提醒，通知管理人员及时处置，实现建筑钢材的循环利用。智能地磅系统则采用高精度地磅对进场材料进行自动化计量，同步实现数据采集、图像记录、单据打印以及云端存储等功能，通过全流程数字化管理有效防范人为干预，有效节约了资源。

伴随着可持续发展的观念深入人心，应用绿色施工的发展理念，构造绿色智能工地，实现工地绿色施工的数字化、精细化、智慧化生产和管理。"绿色智能工地"的秘诀正在于"绿色"二字，对工地上所有的环保问题动态化、精准化监管，及时发现环境问题。当发现问题时，平台会提醒施工单位进行整改，若施工单位在规定时间内未完成整改，预警等级将动态升高，并进一步通知相关管理单位。这种管控模式不仅能主动发现问题，更重要的是，能自动根据工地现场安装的感知设备、污染数值，启动相对科学有效的治理措施，可避免"一刀切"式的停工限产，也可以培养施工单位的自觉整改意识，从而推动行业的可持续发展。

本章小结

　　建筑业高质量发展要求使得工程建设项目管理不仅关注造价和进度，还需强调对进度、安全、质量、环境等多方面的全面管理。传统的管理模式主要依赖于经验，通常在相关事件发生后采取弥补性回应，这种方式已无法满足日益复杂的管理需求。因此，急需树立"全面感知、泛在互联、智能决策"的理念，实现更加科学的管理，从而更好地适应行业发展趋势。

　　智能工地技术在进度、安全、质量、环境管理方面发挥着关键的支持作用。通过全面感知和泛在互联，这些技术能够收集和整合工程施工现场的各种信息，包括人员动态、设备运行状态、材料使用情况等，为决策提供了更为全面的依据。同时，智能工地技术实现了信息的可视化呈现，使管理人员能够直观地了解工程建设项目的实时状态。这种科技驱动的管理方式不仅提高了管理灵活性，还降低了项目管理风险，推动行业向着更加智能、高效的方向发展。

思考题

1. 施工进度管理包含哪些主要内容？
2. 施工安全管理包含哪些主要内容？
3. 施工质量管理包含哪些主要内容？
4. 施工环境管理包含哪些主要内容？
5. 举例说明施工进度管理的支撑技术。
6. 举例说明施工安全管理的支撑技术。
7. 举例说明施工质量管理的支撑技术。
8. 举例说明施工环境管理的支撑技术。

参考文献

[1] Chen, L., Luo, H. A BIM-based construction quality management model and its applications[J]. Automation in Construction, 2014, 46: 64-73.

[2] Ding, G. K. Sustainable construction—The role of environmental assessment tools[J]. Journal of Environmental Management, 2008(86), 3: 451-464.

[3] Hill, R. C., Bowen, P. A. Sustainable construction: principles and a framework for attainment[J]. Construction Management & Economics, 1997(15), 3: 223-239.

[4] Kanan, R., Elhassan, O., Bensalem, R. (2018). An IoT-based autonomous system for workers' safety in construction sites with real-time alarming, monitoring, and positioning strategies[J]. Automation in Construction, 88: 73-86.

[5] Luo, H., Lin, L., Chen, K., Antwi-Afari, M. F., Chen, L. (2022). Digital technology for quality management in construction: A review and future research directions[J]. Developments in the Built Environment, 12: 100087.

［6］ Wang，L. C. Enhancing construction quality inspection and management using RFID technology[J]. Automation in Construction，2008(17)，4：467-479.

［7］ 方伟立，丁烈云．工人不安全行为智能识别与矫正研究[J]．华中科技大学学报(自然科学版)，2022，50(8)：131-135.

［8］ 卢岚，杨静，秦嵩．建筑施工现场安全综合评价研究[J]．土木工程学报，2003，9：46-50，82.

［9］ 申琪玉，李惠强．绿色建筑与绿色施工[J]．科学技术与工程，2005，21：1634-1638.

［10］ 肖绪文．绿色建造发展现状及发展战略[J]．施工技术，2018，47(6)：1-4，40.

［11］ 谢先启，张琨，管俊峰，朱海军，王要武．中国建筑业质量安全一体化治理模式研究[J]．土木工程与管理学报，2021，38(4)：1-7，22.

［12］ 翟越，李楠，艾晓芹，等．BIM 技术在建筑施工安全管理中的应用研究[J]．施工技术，2015，44(12)：81-83.

第 3 篇　工程物联网与智能工地结合的理论与实践

6

基于工程物联网的智能工地

知识图谱

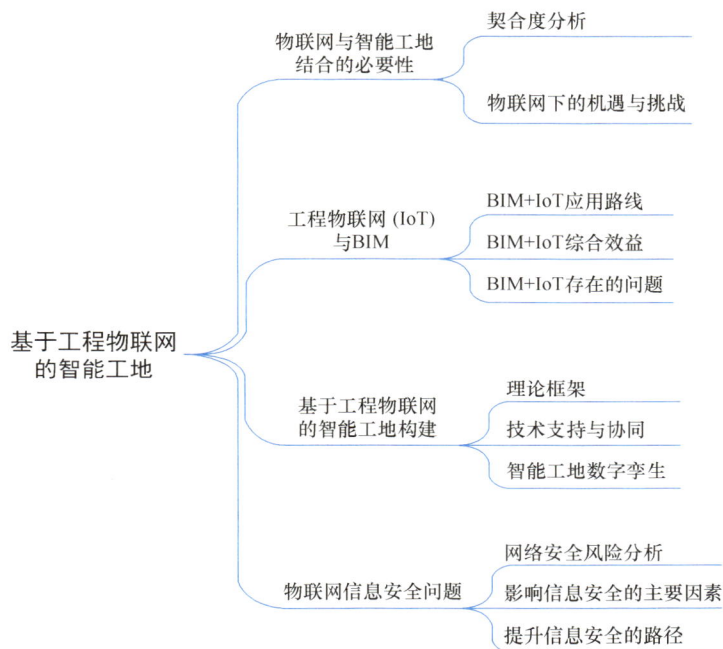

物联网与智能工地
结合的必要性 ——— 契合度分析

物联网下的机遇与挑战

工程物联网 (IoT)
与BIM ——— BIM+IoT应用路线

BIM+IoT综合效益

BIM+IoT存在的问题

基于工程物联网
的智能工地

基于工程物联网
的智能工地构建 ——— 理论框架

技术支持与协同

智能工地数字孪生

物联网信息安全问题 ——— 网络安全风险分析

影响信息安全的主要因素

提升信息安全的路径

本章要点

知识点 1. 工程物联网与智能工地相结合的必要性与背景。

知识点 2. 工程物联网在智能工地中的具体应用及其实现。

知识点 3. BIM 技术与物联网的结合,以及数字孪生在智能工地中的应用。

知识点 4. 工程物联网与智能工地的机遇与挑战。

学习目标

(1) 理解工程物联网与智能工地结合的背景与必要性。

(2) 掌握工程物联网与智能工地在管理、监控等方面的应用。

(3) 了解 BIM 与物联网结合的数字孪生技术及其在智能工地中的协同作用。

(4) 识别智能工地在技术、管理和实施中的挑战及其应对策略。

6.1　工程物联网与智能工地相结合的必要性

6.1.1　工程物联网与智能工地实现的契合度分析

麦肯锡公司曾经发布了一份名为《The next normal in construction: How disruption is reshaping the world's largest ecosystem》的报告，对建筑业的生态链进行了深入分析。该报告探讨了建筑行业整体生态系统的变革，现有企业价值链所面临的挑战，以及企业应如何快速适应并进行转型。根据麦肯锡公司对应用、资产、生产力等方面的综合评估，建筑业在所有行业中的数字化水平排名倒数第二。这表明，尽管建筑业是全球最大的产业生态体系之一，但其数字化水平严重滞后。长期以来，建筑相关支出占全球 GDP 的 13%，然而建筑业的全球劳动生产率年增长不足 1%，远低于全球各行业平均生产率年增长 2.8% 的水平。随着市场环境的持续变化和技术的迅速发展，重组现有建筑生态体系已成为必然趋势。

智能工地将 AI、传感技术、VR 等技术融入建筑构件、机械设备、人员穿戴设备、场地进出口等各个方面。这些对象之间形成了普遍的工程物联网连接，并与互联网整合，最终实现了工程管理与工程施工现场的深度融合。智能工地借助更智能的手段，优化各参与方及岗位人员之间的协作方式，提升沟通效率，并提高响应的灵活性。

真正意义上的智能工地需要使每个施工环节可视化、数字化和自动化。这包括可视化的监控环节以展示数据结果，数字化的数据分析建模，以及远程分析与控制的自动化过程。这些重要的应用场景均需要基于数据采集、上传、计算和分析，而这些均离不开工程物联网技术的支持。工程物联网通过各种传感设备，在工程建设项目中按照预先规划的协议将各项要素物品和环节连接起来，实现视频监控、跟踪定位、智能识别、操作管理、信息交换和资源共享，从而使工地管理变得更加便捷智能。工程物联网的重要功能如下：

（1）信息获取功能：指对工程信息的感知与识别，能够捕捉事物的属性、状态及其变化规律，并以适当形式对这些状态进行表达。

（2）信息传递功能：涵盖工程信息的发送、传输与接收等通信环节，实现对获取的状态信息及其变化的时间或空间上的传输。

（3）信息处理功能：即对工程信息进行加工整合，基于已有或感知信息生成新的信息，本质上是为支持决策制定提供依据。

（4）信息执行功能：指工程信息最终产生实际作用的过程，例如通过调控目标对象的状态及其变化方式，确保其始终维持在预定的设计状态内。

因此，当工地管理的技术需求从传统技术转变为智能化技术，工程物联网技术成为智慧化工地建设的重要技术支撑，与智能工地的实现完美契合。

6.1.2　工程物联网为构建智能工地带来的机遇与挑战

从工程建设项目管理的角度出发，工程物联网是智能工地功能实现的关键支撑技术。以下将以人员管理、安全管理和绿色施工等三个方面为例进行介绍。

（1）人员管理是工程施工现场管理的重要环节，它关系到工程建设的安全、质量、进度等各个方面。高效的人员管理系统可以有效提升施工管理的效率。例如，人员管理模块涵盖了人员的档案管理、考勤管理和定位管理等功能。通过定位传感器、RFID等技术进行人员信息采集，可以实现施工人员的定位和轨迹跟踪，从而掌握各个工地片区的人员统计数据，更好地了解人员的分布情况。

（2）在安全管理方面，视频监控系统与计算机网络的高度融合显著提高了工程施工现场的安全管理效率。通过对工程施工现场各个方面的实时监控，管理人员可以充分掌握各类施工操作的安全水平，从而防止出现施工事故，降低施工的整体风险。此外，视频监控系统在改善与提高工程建设项目安全控制水平的基础上，还能够促进项目施工管理活动的有效创新，进而全方位地提高管理能力。管理人员可以通过智能硬件模块详细了解设备运行状态、设备报警预警情况等，进一步为安全高效的施工作业奠定基础。

（3）在绿色施工方面，施工环境的良好与否是政府考察工地的重要标准之一。通过在现场部署扬尘噪声监测系统，可以实时采集工程施工现场的PM2.5、PM10、噪声、温湿度等多种环境数据，并显示数据指标的走势。一旦上述环境指标超标，平台将进行报警预警，并通过在现场部署的降尘喷淋控制器进行远程喷淋控制，实现对塔吊、地面等对象的手动、自动和联动喷淋，从而改善工程施工现场环境。

尽管工程物联网技术给智能工地建设带来了巨大机遇，但同时也面临着许多挑战。近年来各国都投入了巨大的人力、物力和财力进行工程物联网技术的研究和开发，但在技术、管理、成本、政策、安全等方面仍然存在许多亟需攻克的难题，具体分析如下：

（1）在技术方面，统一和协调技术标准是一大挑战。传统互联网的标准并不适用于工程物联网，工程物联网感知层的数据多源异构，不同的设备有不同的接口及不同的技术标准。此外，由于使用的网络类型与应用方向不同，网络层和应用层存在不同的网络协议和体系结构。因此，建立统一的工程物联网体系架构和技术标准是物联网亟待解决的难题。

（2）安全性问题。传统的互联网发展成熟、应用广泛，尚存在安全漏洞。作为新兴产物，工程物联网体系结构更复杂且没有统一标准，各方面的安全问题更加突出。例如，RFID技术事先将电子标签置入物品中以达到实时监控的目的，这对于标签物的所有者势必会造成一些个人隐私暴露，个人信息的安全性存在问题。不仅是个人信息安全，如今企业之间的合作都相当普遍，一旦发生关键信息泄露，后果将更不敢想象，如何在工程物联网的使用过程中实现信息化和安全化的平衡至关重要。此外，工程物联网的关键实现技术是传感网络，传感器长期暴露于自然环境下，特别是一些放置于恶劣环境中的传感器，如何长期维持网络的完整性也对传感技术提出了新的要求。

6.2　工程物联网与BIM

工程物联网与BIM的结合在智能工地系统中扮演着重要的角色。工程物联网技术通过其感知功能，实现对项目现场各种对象的信息提取和可视化，包括位置、时间、移动速度和轨迹等，这有助于管理人员全面掌握施工现场的状况。同时，BIM具有视觉化、协调性、模拟性、优化性、可出图性等诸多优势，其通过多方位精准数据分析、可行性碰撞试验、实时动画模拟等将工程建设项目生动地体现在管理人员和业主面前，大幅提升了施工效率，缩减了施工工期，优化了施工方案，降低了施工成本。结合两者的优势，可以弥补人员监督管理不足，减少管理盲区，全面提升现场管理效率。

6.2.1　工程物联网与 BIM 的应用路线

（1）前期方案策划：在项目开始阶段，利用 BIM 技术可以进行项目实施方案的模拟，包括制定 BIM 实施计划和各个施工专项方案。这一阶段通过虚拟模拟来预测和规划项目的各个方面，如成本估算、工期规划、材料需求和施工方法等。BIM 技术在这一阶段扮演着"预见未来"的作用，帮助项目团队识别可能存在的问题并在实际施工前作出调整。

（2）BIM 建模：通过 2D 图纸构建 3D 施工模型，这不仅提高了设计的准确性，也使项目团队能够更直观地理解设计意图和施工细节，便于后续的沟通和协作。这个阶段包括进行施工深化设计的协同工作，如结构、机电、管道等不同系统的集成。

（3）BIM 实施应用：（1）三维交底，利用 BIM 模型进行项目的详细介绍和讨论，确保施工团队对设计意图有清晰的理解；（2）碰撞检查，通过 BIM 软件检测不同系统之间的冲突，预防施工中的错误和延误；（3）综合优化与方案模拟，对建筑各系统进行优化，如管道、电线的布局，并模拟不同的施工方案，寻求最佳方案；（4）三维场地布局，使用 BIM 模型规划施工现场的布局，包括设备、材料存放和施工区域。

（4）施工过程管理：利用工程物联网技术收集现场数据，如设备状态、环境监测、人员定位等，并通过 BIM 模型进行可视化管理，提高施工过程的效率和安全性。例如，在土方施工应用中，利用无人机进行土方测绘，实时获取地形数据，并与 BIM 模型结合进行高效的土方施工规划，从而实现精准的土方开挖。

（5）成果交付：交付 BIM 成果模型，基于工程物联网形成物资集约管理方案，并分析相关技术的应用效益。

6.2.2　工程物联网与 BIM 的结合

工程物联网和 BIM 都是智能工地建设的重要部分，两者相辅相成但又各有侧重。工程物联网侧重于物理世界，在实际应用中通过各种传感设备将工程建设项目涉及的各项要素物品及环节进行连接。BIM 是建筑信息的集成，设计团队、施工单位、设施运营部门和业主等各方人员可以基于 BIM 进行协同工作，从而有效提高工作效率、节约资源、降低成本，实现可持续发展。BIM 重点在于虚拟空间，通过建立虚拟建筑工程三维模型，利用数字技术为模型提供完整的、与实际情况一致的建筑工程信息库。

为了更好地服务智能工地，工程物联网与 BIM 的融合是必然的趋势。因为这两者各自具备现实世界和虚拟空间的特性。智能工地的工程物联网与 BIM 技术的应用，是指在建筑物建造过程中实现物理世界的建筑产品与虚拟空间中的数字建筑信息模型同步生产、更新，并最终形成完全一致的交付成果。通过工程物联网技术的感知和信息快速传递，可以将现场的各类信息准确地传递给管理人员，并通过 BIM 技术进行精准定位，以制定具有针对性的管理措施。

工程物联网＋BIM 在智能工地中应用的框架如图 6-1 所示，利用工程物联网获取实体建筑的实时数据状态，再通过孪生数据信息服务系统将实体建筑的信息映射到 BIM 虚拟模型中，实现现实与虚拟的统一。将工程施工现场的海量信息相互关联，并通过对这些信息进行规律性分析和结构化展示，为管理人员提供更为准确的建议和参考数据。

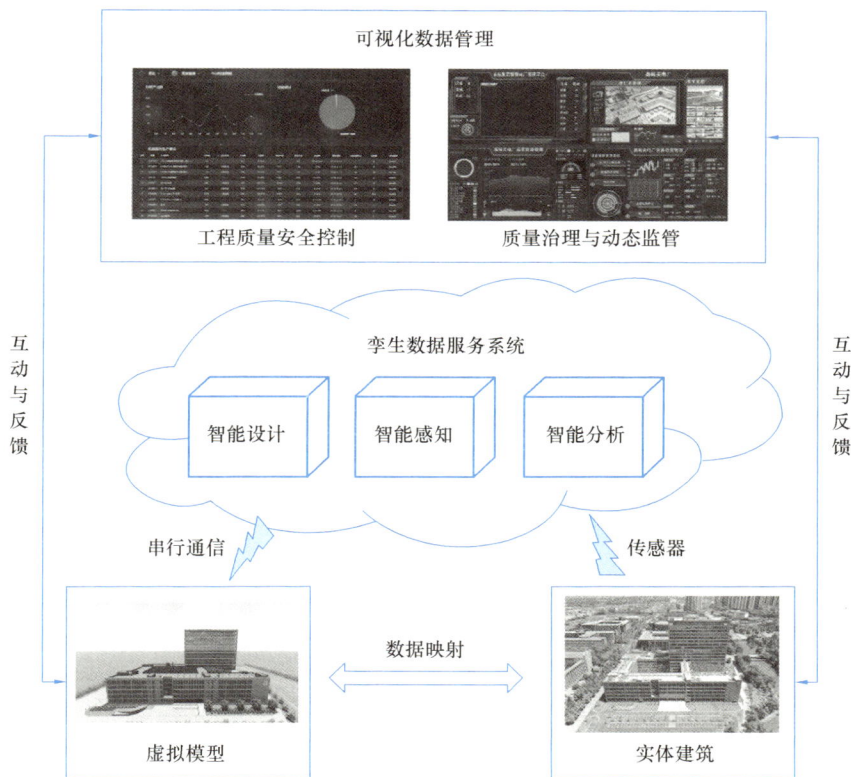

图 6-1　工程物联网＋BIM 应用框架

6.2.3　工程物联网＋BIM 的综合效益

在施工过程中，环境因素、人为条件、材料数量和质量、机械工况等各个方面都会影响施工进展。因此，合理安排工期，统筹物联物料管理，控制施工有序进行尤为重要。在实际施工中，为了完成施工内容进行的设计变更，会对施工质量和工程成本管理产生较大的影响。通过将工程物联网与 BIM 技术相结合，可以创建一个高度智能化的协同管理平台，专注于提升施工过程的效率、安全性和质量控制水平。部分综合效益包括：

1. 设计变更和质量缺陷的可视化管理：在施工过程中，设计变更和质量缺陷可以直接在三维场景中进行标注，以实现问题的可视化，便于沟通和共享信息。通过这种方法，项目团队可以迅速识别、记录和共享关于设计调整或质量问题的详细信息，确保所有相关人员都清楚地了解存在的问题和需要采取的行动。

2. 物联物料管理：通过在协同管理平台中集成物料管理系统，可以实时记录和汇总日常采购数据、库存量和耗用量。系统中包含广泛的供应商数据库，方便进行市场调研并选定合适供应商。物资人员能够将具体地区市场的资源整合到价格信息库中，从而了解不同地区材料价格的波动规律。此外，平台还支持数据分析功能，可以对比不同项目之间的采购价格，进而分析价格差异及其原因。

3. 工程成本管理涉及因素众多，在实际管理中经常出现大量漏洞。通过工程物联网＋BIM 的应用，将成本计划、核算、分析、控制、预测等工作进行有机结合。在具体管理过程中，重点收集整理施工区域周边的作业、设备、材料等费用并建立数据库，及时更新收集到的数据信息，从而高效分配人员、材料、机械的工作内容，不仅极大避免了数据错误，也为日后的工程统计和费用结算提供有价值的依据。

4. 远程实时视频监控与安全管理。管理平台连接现场摄像头，允许相关人员远程实时查看工程施工现场，及时了解现场情况。此外，系统具备危险源辨识的功能，可以在系统中可视化地标识和监控潜在危险。通过点击系统中的危险源，可以获取详细的危险信息，帮助采取预防措施。结合移动互联技术，平台能够基于位置对现场的危险源和人员进行实时提醒。这种实时提醒和监控有助于及时发现和解决安全问题，形成有效的整改检查和闭环管理流程，不仅革新了传统安全监管模式，更为工程团队提供了基于数据驱动的决策支持范式，标志着现代工程管理向智能化、标准化方向的实质性演进。

综上所述，工程物联网与 BIM 协同管理平台不仅提高了施工过程的安全性和效率，而且通过数据集成和分析，增强了项目管理的透明度和决策的准确性，并极大优化了项目的运营和管理流程。

6.2.4　工程物联网＋BIM 存在的问题

目前，工程物联网与 BIM 技术主要应用于工程建设项目的施工及运营维护阶段，主要呈现以下特征与不足：首先，现有技术研发呈现出明显的单点突破特征，尽管在感知层的环境数据采集、模型层的三维可视化呈现等方面取得阶段性成果，但尚未形成覆盖"感知-传输-分析-决策"全链条的智能闭环系统，距离真正的数字化集成管理仍有技术差距。其次，当前模型尚未建立有效的用户反馈纳入机制，导致设计优化与运维改进环节缺乏需求侧数据支撑。另外，打造工程物联网与 BIM 技术管理平台需要投入大量资金，包括软件购买、专业设备配置以及技术人员培训，这对于许多中小型企业来说是经济负担，这些都在一定程度上阻碍了工程物联网与 BIM 技术的推广应用。在实际项目中应用工程物联网与 BIM 技术需要高水准的专业技术人员，然而大多数企业缺乏这方面的人才，即使是精通相关技术的人员，很少能同时具备工程经验和技术技能。

尽管国内外的 BIM 技术已经取得了较大的发展，但不同软件之间以及平台之间的互操作性仍然存在一定程度的问题，对于实际项目的顺利运营造成了影响，未来需要重点关注其标准化和互操作性问题。此外，工程要素多粒度语义化建模，工程物联网与 BIM 模型跨系统动态交互机制，"物理-虚拟-服务"系统集成度，以及 BIM 模型精度与经济性平衡等方面，还需要从标准体系、算法架构和硬件平台三个层面进行协同创新。

6.3　基于工程物联网的智能工地构建

6.3.1　基于工程物联网的智能工地技术支持与协同

如本教材第 2 章所述，智能工地系统采用分层式体系设计，构建起"感知-传输-应用"三阶协同的技术框架。该架构通过标准化接口协议实现跨层级数据贯通，形成具有自感知、自决策、自执行特征的智能化工程管理系统。

对于工程物联网，感知层集成多模态传感装置与智能终端设备实现多维数据采集，如利用光纤光栅传感器进行关键构件应变实时监测。网络层构建低延时、高可靠的传输通道，短距传输采用 ZigBee 协议，中距覆盖应用 LoRaWAN，广域连接采用 NB-IoT。应用层作为智能工地管理平台的核心技术架构，通过集成 MQTT、CoAP 等轻量级通信协议，构建"感知-分析-执行"的闭环控制系统。例如，焊接机器人集群作业的智能装备协同控制，基于温湿度传感器的混凝土养护模型环境自适应调控，以及塔吊防碰撞的人机共融预警。

对于智能工地，一方面工程物联网能够实现实时化采集，并通过对采集信息的科学化分析，完成施工要素的高效感知；另一方面工程物联网能够提供在线服务，通过相对简单的智能设备与移动终端为现场施工人员提供准确、高效、及时的信息服务，改善了传统工地复杂的信息传输模式。在工程物联网的基础上，智能工地也构建了诸多子系统，如高空重型设备的安全智控系统、工程全生命期数字孪生管理系统、混凝土搅拌运输车等特种运输载具监管系统、高支模监控系统、劳务管理系统、智能塔吊的智能工地物联网协同系统、建筑施工项目质量管理信息协同系统等。这些子系统通过工程施工现场数据在线采集，让工程施工现场的管理活动更加透明化，具体体现如下：

1. 更准确的感知

在智能工地中，更准确的感知体现为对工程施工现场的细致监控和数据收集。通过部署异构传感终端，智能工地构建起覆盖环境、设备和人员的施工全域动态感知网络。这种高级感知能力使得管理人员能够即时了解现场的微妙变化，及时发现潜在的安全隐患、效率瓶颈和质量问题。

2. 更全面的互联互通

智能工地在实现设备、人员、信息和决策过程的全面互联互通方面展现了显著优势。智能工地能够实现数据和资源的无缝共享，确保项目团队成员之间的高效协同。这种互联互通不仅限于工程施工现场内部，还扩展到了产业链上下游，形成一个高度协作的工作环境。

3. 更深入的智能化

智能工地通过集成 AI、大数据分析等技术，实现了项目管理深度智能化，包括自动化数据分析、预测性维护、智能决策支持等方面。这种智能化不仅提高了操作效率和决策质量，还使得工地能够适应复杂多变的环境，实时优化工作流程和资源分配。

6.3.2　基于工程物联网与 BIM＋的智能工地数字孪生

数字孪生技术作为新一代信息技术与工程建设深度融合的典范，其发展历程可追溯至

2003 年美国密歇根大学 Grieves 教授提出的产品全生命期管理理念。该技术通过建立物理实体在虚拟空间的三维数字化镜像模型，实现了从航空航天领域到工程建设领域的跨越式发展。数字孪生已演变为集多物理量仿真、实时数据交互与智能决策于一体的综合性技术体系，成为推动工程建造数字化转型的核心驱动力。基于数字孪生的智能工地系统具备三大核心特征：

（1）全息虚拟映射：系统通过 BIM＋技术与工程物联网的深度融合，构建覆盖项目全生命期的动态数字镜像。从规划设计到施工运维，每个阶段均在虚拟空间生成对应的孪生模型，支持多专业协同设计与施工模拟。基于云计算平台整合实时气象数据库、遥感影像库及智能算法库，实现工程选址的三维地形重构、环境参数评估与多方案比选优化，提升决策科学性。

（2）多源异构融合：系统突破传统工程管理的专业壁垒，通过增强施工要素的智能感知与边缘计算能力，实现施工机械的自主决策、物料运输的动态优化以及人机协同的智能调度。基于深度学习的资源优化算法，为各参与方提供实时资源配置建议与风险预警服务。

（3）虚实协同闭环：构建"感知-分析-决策-执行"的智能控制回路，实现物理工地与数字模型的动态交互。通过部署多模态传感器网络，实时采集人员定位、设备状态、环境参数等数据，经数字孪生平台处理后生成优化指令。利用移动终端与 AR 可视化工具，将施工模拟动画与 BIM 模型叠加至现场实景，指导精准施工，形成"虚拟预演-实体执行-数据反馈"的持续改进机制。

在施工阶段，智能工地数字孪生系统以 BIM 模型为核心载体，深度融合工程物联网技术，构建起覆盖"人员-机械-物料-环境"全要素的实时协同管控体系。通过集成 BIM、二维深化图纸及感知数据，在虚拟空间创建与物理工地动态映射的数字化孪生体，实现施工要素的毫米级定位追踪与秒级状态更新。基于数字线程技术架构，对项目参建各方的活动数据进行智能分类与定向反馈，依托 BIM 可视化协同平台生成 4D 施工模拟动画，有效提升关键节点的工艺难点识别效率，降低图纸误读率。作为工程主导方，施工单位通过虚实联动的数字纽带，既能协调多方数据交互推进工程进展，又能精准掌控混凝土浇筑、钢结构吊装等核心工序的施工质量。借助物联终端，能够实时采集施工人员分布热力数据与机械运行参数，实现动态调度优化；同步通过多模态传感器网络，将进度偏差、质量问题等工地状态数据实时映射至数字孪生平台，构建起覆盖进度管控、质量监测、安全预警、物料追溯的智能决策中枢，为参建各方提供全生命期数据服务。

1. 工程进度方面

智能工地数字孪生系统依托建筑全生命期信息的共享与精细化管理机制，有效突破传统横道图、网络图等静态进度管理模式的技术瓶颈。该体系通过构建"编制-优化-监控-纠偏"的闭环管理框架，实现施工进度的动态可视化控制。基于 BIM 的进度计划编制方法将分部分项工程的施工顺序转化为三维可视化模型，通过任务节点与轻量化 BIM 模型的语义关联，建立包含材料、设备、人力及时间参数的多维进度数据库。运用传感技术采集现场施工数据，通过数字孪生平台与原计划进行时空维度的对比分析，形成工期偏差的量化评估模型。当检测到任务节点的时序偏差超过预设阈值时，系统自动触发分级预警，并生成多套纠偏方案供决策者选择。

2. 工程质量方面

通过整合空间信息技术（含卫星导航定位、遥感测绘及地理信息系统）、BIM建模、云计算及AI算法，构建了全生命期质量管控体系。该体系在施工方案优化、三维测量定位、质量动态监测等环节形成闭环管理，其中GIS+BIM融合技术可生成可视化质量验收模型，实现工程量自动核算与施工误差智能校正，显著提升传统方式监测精度。

智能工地通过数字孪生技术整合测量数据与无人机航拍信息，实现了设计图纸与施工实景的实时数据交互。基于大数据分析的施工管理平台，可对工程全周期的关键指标进行动态监测与优化。在质量管理方面，采用移动端数据采集系统，通过实时记录质量问题和整改情况构建了结构化质量数据库，支持按周/月维度统计问题数量、整改率等关键指标，并实现质量问题与BIM模型参数的智能关联。结合3D激光扫描和VR技术，系统可精准定位工程质量问题，在重点施工部位设置智能监测点，并自动推送巡检提醒，显著提升了施工质量检测与过程监控的精准性。

3. 工程安全方面

传统工地安全管理受人员、环境、设备等多重因素制约，往往存在信息滞后、响应迟缓等问题，易引发施工人员伤亡及设备损坏事故。相比之下，智能工地数字孪生系统通过数字化技术实现了安全管理模式的革新，有效解决了传统管理方式中信息处理与反馈的时效性问题。该系统的核心技术支撑主要来自工程物联网与BIM技术的深度融合：工程物联网通过标准化协议将各类传感设备接入互联网，构建起人-机-环境全方位互联的智能网络；BIM技术则为此提供了可视化数字底座，二者协同实现三大核心功能：1）基于BIM与UWB定位技术的人员安全预警及应急救援系统；2）整合BIM与RFID技术的塔式起重机安全监测与数据管理系统；3）融合ZigBee、多源传感器与BIM模型的关键部位实时监测体系。这些系统通过动态数据采集、三维可视化比对和智能分析，实现施工全过程的精确定位、协同管理、风险预警和模型更新，显著提升了工地整体安全管理效能。

在隐患治理方面，系统建立了闭环管理流程：现场发现隐患后，可通过移动终端拍照上传至云平台，自动关联责任主体并生成电子台账。平台具备多维统计分析功能，可实时展现隐患存量（待整改、待复查）、整改完成率、重大危险源分布等关键指标，并对整改过程实施全流程追踪。更值得一提的是，系统通过集成神经网络、遗传算法和知识图谱等AI技术，构建了具备自主学习和决策能力的智能管理中枢，不仅实现了安全隐患的智能识别与分级预警，更为智能工地安全管理体系的创新发展提供了重要技术范式。

4. 物资管理方面

首先，在材料采购管理中，以往人工采购最主要的问题就是需求模糊，导致采购工作繁琐，且很容易发生过度采购现象。通过将虚拟模型转换为材料采购5D模型，依托5D模型可对材料供应链进行精细化管理。例如，在采购过程中，要求采购部门依托5D模型生成材料采购清单，清单中要有明确的采购要求，包括采购目标、数量、规格、单价等，这样就能避免过度采购等问题发生。BIM技术在材料管理中还帮助管理人员对供应商作出合理选择，依靠BIM技术将所有供应商的信息汇总后建立5D模型，能够对供应商资源进行计算与分析，由此作出准确判断。工程物联网还可以用于采购后的验收环节，即采购材料运输之前，要求在材料上贴上唯一的电子标签，使得材料具有唯一性，然后当材料运输到现场后，通过射频设备对电子标签进行识别，如果识别结果与预存档中的标签编号、信息相符，就代表材料正确，之后再进行质量检验即可验收。这种方式能确保材料来源准确、质量达标。

其次，针对材料入库/出库管理，以往工作中最大的问题就是入库/出库申请频繁，使得入库/出库工作给工人造成了较大负担，也导致工人很容易在工作中出错。同时受限于人工能力局限性，只能对库存进行定期管理，存在管理盲区。但在智能工地数字孪生的作用下，材料入库/出库管理的方式将发生巨大变化。在入库管理方面，围绕 BIM 技术搭建协同管理平台将数据录入指定端口，再通过端口将数据传输到平台中，自动对数据进行整理，这样就能高效、准确地进行入库验收。在出库管理方面，同样依靠协同管理平台实现出库申请单自动生成功能，所有出库操作都必须在得到申请单的情况下进行，并且能够根据出库申请单上的等级信息，在后续出库管理中进行材料实际消耗量、计划消耗量计算。通过对比，能对材料消耗率进行估算，便于控制材料出库。同时以入库/出库管理成果为基础，库存整体管理中能够对库存变化进行全天候不间断管理。实现库存动态化跟踪监督，充分贯彻"先入先出、后入后出"原则，保障库存管理合理性。

最后，是现场耗材管理。工程施工材料消耗量会受到许多因素的影响，导致变化难以预测，这种变化往往会对材料消耗量造成负面影响。例如，现场随意堆放钢筋，导致基部钢筋变形，无法继续使用，出现了材料浪费问题。针对类似问题，利用模型进行施工现场区域划分，明确指出材料存放位置。同时考虑到材料运输需求，也可以通过虚拟模型在现场选择运输路线，确保材料能一次运输到位，避免二次搬运。智能工地数字孪生可以构建耗材率管理模型，即现实情况中施工实际耗材与计划耗材率之间的差距不应当超过最大允许范围。可以通过 BIM 技术构建耗材率计算模型，结合每日的信息采集工作成果，同步分析工程进度与耗材率。如果工程进度较低，而耗材率过高，就说明实际耗材超标，此时就要加强现场施工管理，避免发生材料过度浪费等问题。另外，工程物联网技术能够最大限度地帮助控制材料损耗。通过射频设备等对材料取向进行全过程跟踪，把握每一种材料的实际消耗情况。当某一种材料的消耗量达到 100%（即所有需要使用到这种材料的施工全部结束），即可针对性地进行余料回收，有效减少剩余材料的浪费。

6.4　工程物联网信息安全保障

随着工程物联网的广泛应用，各类智能设备产生的海量数据对安全管理提出了更高要求。相较于传统互联网，工程物联网面临的安全挑战更为复杂多元，其脆弱性主要分布在以下三个层面：

1. 终端层：设备安全防护能力参差不齐

作为信息感知的前端单元，工程物联网终端设备（包括摄像头、RFID、各类传感器等）呈现出显著的异构性特征：在物理形态上存在体积差异，在功能配置上存在复杂度区分，在网络状态上呈现间歇性连接特点。这些设备普遍处于开放式的白盒攻击环境中，却受限于以下安全短板：其一，受制于应用场景的简易性，多数终端设备的存储和计算资源有限，难以承载复杂的安全防护算法；其二，移动化特性导致传统网络边界防护失效；其三，大量设备部署在无人值守环境，为物理攻击提供了可乘之机。

2. 网络层：通信架构复杂且协议脆弱

工程物联网网络采用异构融合的通信架构，其传输模型具有显著的复杂性特征，由此引发多重安全隐患：首先，多样化的通信协议存在固有安全缺陷，易遭受算法破解、中间人攻击等威胁；其次，密钥管理、证书认证等核心安全机制常因实现不当而失效；再者，部分特殊场景下的数据传输仅采用简单加密甚至明文传输，使得数据篡改、信息窃取等攻击行为易于实施。

3. 平台层：系统性风险威胁全局安全

工程物联网平台作为"云-管-端"架构的中枢神经，承担着设备管理、数据分析、安全运维等关键职能。尽管当前云安全技术已相对成熟，但仍面临两大核心挑战：一方面，内部管理漏洞可能引发权限滥用、数据泄露等风险；另一方面，高级持续性威胁（APT）攻击可能穿透外围防御。需要特别注意的是，平台层一旦失守，将产生"牵一发而动全身"的连锁反应，导致整个平台陷入瘫痪。

6.4.1 影响工程物联网信息安全的主要因素

尽管工程物联网已形成相对完善的三层技术架构体系，但其产业链条实际涵盖了更为多元的参与主体：在终端层涉及芯片设计、传感器制造、通信模组等硬件供应商；在网络层面依托电信运营商的通信基础设施；在平台应用层则包含软件开发、系统集成和云服务等多个专业领域。这种跨行业、多环节的产业协作模式，在推动技术创新的同时，也对各参与方的安全协同提出了更高要求——唯有建立统一的安全标准和协作机制，方能有效构筑工程物联网安全防线。

其次，安全意识淡薄也影响了物联网信息安全。据 Gartner 发布的数据显示，到 2020 年，全球物联网市场规模将达 1.9 万亿美元。然而，在物联网产业高速发展、规模急剧扩张的背后，许多物联网厂商存在安全意识淡薄、安全投入不足的现状。由于物联网设备数量庞大、价格低廉，很多厂商为了降低成本而忽视了对安全的投入。另外，与互联网企业相比，许多物联网设备和硬件制造商缺乏对安全的重视，缺乏安全意识和人才储备，这也为安全隐患的产生埋下了隐患。

同时，监管政策及标准体系匮乏也是导致物联网成为网络信息安全"重灾区"的重要原因之一。虽然国务院在 2013 年提出了加强物联网安全工作的指导意见，但相关政策法规尚未实质性落地。同时，物联网技术更新快、应用场景丰富，使得相关标准体系建设步伐滞后于技术发展。目前，虽然已有多个物联网组织在推进标准体系建设，但仍然缺乏完善的安全标准体系和成熟的安全解决方案，导致物联网的安全问题难以得到有效解决。

除了上述产业结构复杂、安全意识淡薄、监管政策及标准体系匮乏等因素外，物联网信息安全还面临着若干技术挑战：

首先，物联网设备的固件和软件安全性是一个关键问题。由于许多物联网设备采用的是嵌入式系统和定制化的操作系统，这些系统往往存在着固有的安全漏洞和弱点。黑客可以通过分析固件或软件代码，发现其中的漏洞并利用其进行攻击。

其次，物联网通信网络的安全性是保障整个系统安全的重要环节。物联网设备之间的通信往往采用无线网络或 LPWAN 等技术，这些通信协议和标准存在着各种安全漏洞和风险。例如，传统的无线通信协议如 Wi-Fi、蓝牙等存在中间人攻击、数据窃取等问题；

而 LPWAN 等低功耗广域网技术则可能受到重播攻击、数据篡改等威胁。因此，需要加密通信、身份认证、数据完整性校验等安全机制。

另外，物联网数据的安全存储也是一个关键问题。由于物联网系统产生的数据量巨大且类型多样，如何对这些数据进行安全存储成为一项技术挑战。在数据存储方面，需要采取加密、权限控制等措施，确保数据在存储过程中不被泄露或篡改。同时，对于敏感数据，还需要采取数据分片、分布式存储等技术手段，增强数据的安全性和可靠性。

此外，物联网平台和应用的安全性也是一个重要方面。物联网平台往往承载着大量的用户数据和应用程序，一旦平台被攻击或受到恶意篡改，将对整个物联网系统造成严重影响。

6.4.2 提升工程物联网信息安全的路径

工程物联网的快速发展已经成为不争的事实，而其规模化应用部署也在不断加速。然而，如果没有配套的安全措施，将会跟不上其发展步伐。因此，需要政府、企业、学术界和社会各界共同努力，加强技术研发和创新，提升安全意识和技能水平，建立健全的安全管理机制和应急响应体系，共同应对物联网安全挑战。

在监管层面，制定和推动物联网领域的安全标准至关重要。这不仅涉及安全框架体系的建立，还包括安全测评、风险评估、安全防范和应急响应等方面的具体规范。政府部门应当积极参与标准制订，与行业协会、企业和学术界合作，建立起科学、严谨的标准体系。这些标准不仅是理论，更需要在实践中得以落地和持续完善，以确保物联网系统的安全性和稳定性。

在产业层面，构建起全生命期的立体防御体系势在必行。这需要在工程物联网产品的设计、研发、生产、部署到运营和维护的全过程中，始终将安全放在首位。在硬件、操作系统、通信技术、云端服务器、数据库等各个环节都要加强安全性管理，确保每一个环节都不会成为安全漏洞的源头。企业需要制定和遵循严格的安全开发流程和规范，将安全融入产品设计和开发的每一个阶段。只有如此，才能构建起一个真正安全可靠的工程物联网生态系统。

在技术层面，工程物联网安全技术的发展势在必行。面对日益复杂的网络安全威胁，传统的安全防护手段已经无法满足需求。需要不断创新和突破，研发更加智能、更加高效的安全技术和工具，这是保障物联网系统安全的重要途径。这包括对安全威胁检测与防范技术、数据加密与隐私保护技术、身份认证与访问控制技术等方面的研究和应用。同时，加强对物联网安全漏洞的发现和修复，及时更新和升级系统软件和固件，也是确保物联网系统安全的重要措施。

在宣传和教育层面，普及安全意识和知识至关重要。面对日益复杂的网络安全威胁，每一个人都应具备基本的网络安全知识和技能，了解如何识别和防范安全威胁，保护个人信息和重要数据的安全。企业和政府部门可以通过举办安全培训、开展安全宣传活动等方式，提升从业人员的安全意识和技能水平。用户应了解如何正确选择和使用工程物联网产品，注意产品的安全设置和更新，避免因为疏忽和不当操作而导致安全风险。

综上所述，物联网安全事关国家安全、社会稳定和个人权益，需要政府、企业、学术界和社会各界共同努力，从监管、产业、技术和宣传等多个方面入手，以确保工程物联网技术的安全应用。

本章小结

　　随着经济与技术的发展，建筑企业越来越注重工程施工现场的管理。逐渐摒弃了原始粗放的施工管理模式，转向精细化、智能化的方向，从而催生了智能工地的概念。智能工地以现场施工管理为核心，围绕着"人、机、料、法、环"这五个关键要素，通过数字化手段进行进度、成本、安全、质量管理，旨在建立一个项目全生命期的智慧化生产管理生态圈。

　　本章以工程物联网与智能工地结合的理论基础为主题，系统地介绍了工程物联网与智能工地相结合的必要性、工程物联网与BIM、基于工程物联网的智能工地构建以及工程物联网信息安全问题。在第一部分，对智能工地的本质、系统架构和发展程度进行了分析，探讨了工程物联网与智能工地实现的契机，并评估了工程物联网为构建智能工地带来的机遇与挑战。第二部分介绍了工程物联网与BIM结合的应用路线、综合效益及存在的问题，突出了两者结合的重要性。第三部分首先简要介绍了工程物联网对智能工地的技术支持与协同，随后重点介绍基于工程物联网和BIM的智能工地数字孪生系统。第四部分讲述了工程物联网信息安全的主要影响因素，提出了加强物联网网络安全的一些建议，强调了在智能工地建设中信息安全的重要性和应对措施。通过这些介绍，可以更深入地理解工程物联网与智能工地的结合，以及其在建筑业发展中的重要作用和未来挑战。

思考题

1. 传统建造与管理模式存在的问题是什么？
2. 简述工程物联网和BIM的融合应用需求。
3. 简述智能工地建设中信息安全的重要性。
4. 简述工程物联网为构建智能工地带来的机遇与挑战。
5. 基于工程物联网的智能工地基本架构是什么？
6. 简述智能工地数字孪生系统的基本特点与功能。

参考文献

[1] 曾凝霜，刘琰，徐波．基于BIM的智慧工地管理体系框架研究[J]．施工技术，2015，44（10）：96-100.
[2] 毛志兵．推进智慧工地建设助力建筑业的持续健康发展[J]．工程管理学报，2017，31（5）：80-84.
[3] 王要武，吴宇迪．智慧建设及其支持体系研究[J]．土木工程学报，2012，45（S2）：241-244.
[4] 甘超，杨玉芝，吴其林，等．基于BIM与物联网的智慧工地系统研究[J]．绿色建筑，2023（5）：47-50.
[5] 谢先启，邓利明，肖铭钊，等．新一代建造质量安全管理发展研究[J]．中国工程科学，2021（023-004）.
[6] 牟晓亮．数字孪生技术在城市主干路改建工程的应用实践[J]．城市道桥与防洪，2023（8）：293-296，27-28.

［7］ Boje，C.，Guerriero，A.，Kubicki，S.，Rezgui，Y.（2020）．Towards a semantic Construction Digital Twin：Directions for future research. Automation in Construction，114，103179.

［8］ Huang，X.，Liu，Y.，Huang，L.，Onstein，E.，Merschbrock，C.（2023）．BIM and IoT data fusion：The data process model perspective. Automation in Construction，149，104792.

［9］ Mishra，M.，Lourenço，P. B.，Ramana，G. V.（2022）．Structural health monitoring of civil engineering structures by using the internet of things：A review. Journal of Building Engineering，48，103954.

［10］ Naji，K.，Gowid，S.，Ghani，S.（2023）．AI and IoT-based concrete column base cover localization and degradation detection algorithm using deep learning techniques. Ain Shams Engineering Journal，14(11)，102520.

［11］ Prabhakar，V. V.，Xavier，C. B.，Abubeker，K. M.（2023）．A Review on Challenges and Solutions in the Implementation of Ai，IoT and Blockchain in Construction Industry. Materials Today：Proceedings.

［12］ Rehman，S. U.，Usman，M.，Toor，M. H. Y.，Hussaini，Q. A.（2024）．Advancing structural health monitoring：A vibration-based IoT approach for remote real-time systems. Sensors and Actuators A：Physical，365，114863.

［13］ Sacks，R.，Brilakis，I.，Pikas，E.，Xie，H. S.，Girolami，M.（2020）．Construction with digital twin information systems. Data-Centric Engineering，1，e14.

工程物联网与智能工地结合的实践案例

知识图谱

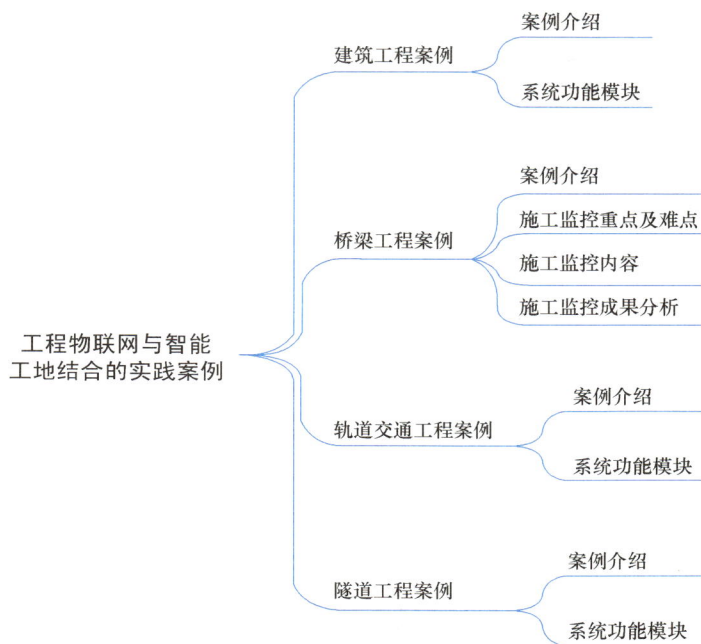

本章要点

知识点1. 工程物联网与智能工地结合的实践案例。

知识点2. 工程物联网在优化施工进度、监测施工环境以及保障施工安全等方面的应用。

学习目标

（1）了解在建筑、桥梁、地铁和隧道工程领域，工程物联网与智能工地结合的显著成效。

（2）掌握智能工地如何依托物联网实现劳务、安全、环境、材料各业务环节的智能化、互联网化管理。

前面章节分别介绍了工程物联网与智能工地的概念和性质，以及工程物联网与智能工地结合的契机和挑战。工程物联网是构建智能工地的重要支撑。通过配置工程物联网技术，智能工地利用智能感知设备可以全天候实时采集建筑工地"人、机、料、法、环"相关的数据。随后，通过将数据传输到云平台进行处理和分析，向管理人员提供实时化、可视化、智能化的决策支持和管理。

目前，在智能工地中，通过工程物联网技术可以实时监测和管理施工进度，及时调整施工计划，优化施工方案。此外，传感设备可以监测工程施工现场环境参数、设备状态和结构受力状态，实现现场异常情况和安全隐患的及时发现和排查，以确保施工顺利进行。针对资源管理，通过对物料的实时监测和追踪，智能工地可以合理采购和调度物资，最大程度减少资源浪费。在安全保障方面，借助工程物联网和 AI 技术可以实时定位和通知施工人员，减少安全事故的发生，大幅提升现场人员的安全性。随着相关技术的快速发展，工程物联网与智能工地的结合将成为建筑业未来发展的趋势。

7.1　建筑工程案例

7.1.1　案例介绍

某大型建筑（见图 7-1）总建筑面积约 43.4 万平方米，在其建造过程中建立了智能工地管理平台（见图 7-2）。平台以"业务应用＋BIM＋物联应用"为牵引，融合 AI、AR 等技术手段，实现项目要素在线协同共享、现场管理可感可知可控，形成真实完整、易于追溯的数字化资产，实现对人、机、料、法、环的全方位实时监控。

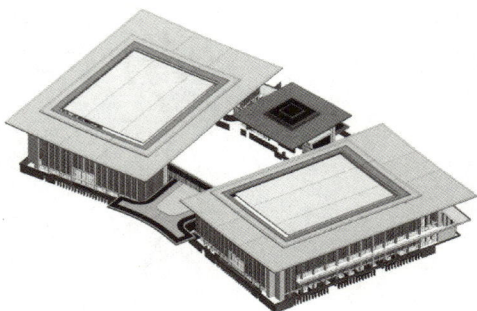

图 7-1　某建筑模型

7.1.2　系统功能模块

智能工地管理平台包含智慧物联、智慧质量、智慧安全、物料追踪等功能，覆盖项目从设计、施工到竣工验收全过程的业务活动，是项目的数字孪生体，为项目的建设及管理提供数据支撑。

1. 智慧物联

通过 Fabrication 软件设定好预制管线族库，与 Autodesk Revit 预制功能相结合，快

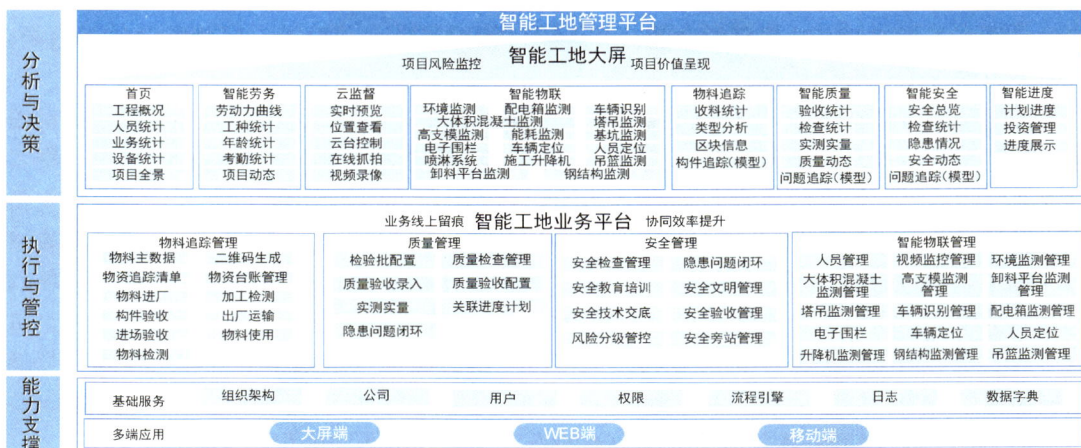

图 7-2　智能工地管理平台

速进行管线拆分。综合考虑运输空间、装配空间，形成加工图、装配图及总装配图等因素，对 BIM 模型进行科学的数字化模块分段并进行编码。编码完成后，利用 C8BIM 平台选择集，将分段管线生成部件二维码，进行唯一编码标识，物联化定位配送，辅助物料仓储管理。如图 7-3 所示，部件二维码内赋予部件安装定位及安装指导书，为现场安装提供安装指导。应用钢结构全过程跟踪应用，结合构件二维码关联图纸及交底资料，实现构件的加工、运输、进场、安装、验收等全过程管理。将现场智能硬件设备与软件平台对接融合，实现在平台端即可实时掌控项目现场情况。通过智能硬件设备监测数据，自动生成业务所需的数据台账，有效降低项目人员的工作负担。此外，通过 BIM＋AR 技术将 BIM 模型多角度、多位置定位到现场，进行实时 1∶1 投射，直观掌握项目建成效果及计划进展。

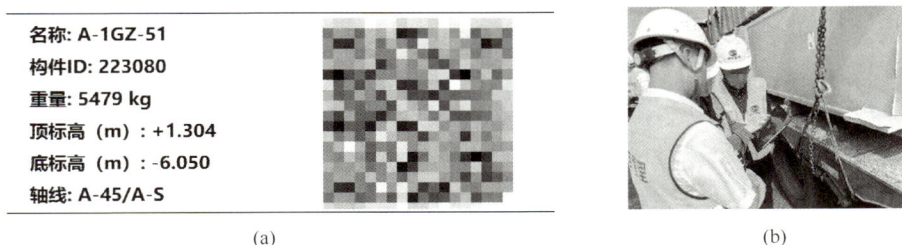

图 7-3　物联化定位配送及安装管理
(a) 进场构件张贴二维码；(b) 现场管理人员扫码查看构件信息

2. 安全管理、质量管理和物料追踪

预设多类型安全管理、质量管理、物料追踪场景，助力规范化现场管控，实现项目全要素、全周期、全成员的线上协同闭环。对于安全检查、安全验收、安全教育、安全交底、风险分级管控、质量验收、质量检查、实测实量、物料验收、物料使用等业务，依托数字化手段将其标准作业流程在线上固化，设置完备的场景分支，并通过平台生成待办事

项，确保责任到人，实现由传统的"人找事"转换为"事找人"，提升现场事件追踪效率。同时设置多类型的标准文档打印功能，对于项目管理提供直观看板，记录留痕易于追溯，规避项目潜在质量安全风险。

按照预制各类型字段，落实施工安全体系管理要求，确保安全事项闭环销项，规避安全风险。平台将安全检查线上化、流程化，让安全检查形成闭环，并且将相关信息、资料沉淀在平台内。支持在线打点功能，让用户可以快速定位到问题所在。此外，平台还支持用户灵活的自定义安全验收的项目，将安全验收线上化、规范化，支持一键生成统计表格（见图7-4）。按照建筑业验收标准的要求，平台内置了房屋建筑工程规定的分部、分项以及检验批项目，质量人员检索到对应的检验批，可以快速开展验收工作。质量管理人员可以通过手机APP，实现检验批验收的线上审批。平台还支持根据质量验收的信息，自动生成质量验收表。隐患问题识别、整改、验证的全闭环过程追溯，多方协同在线作业，并在平面图及BIM模型可视化展示问题分布情况，提升现场问题的跟踪效率。

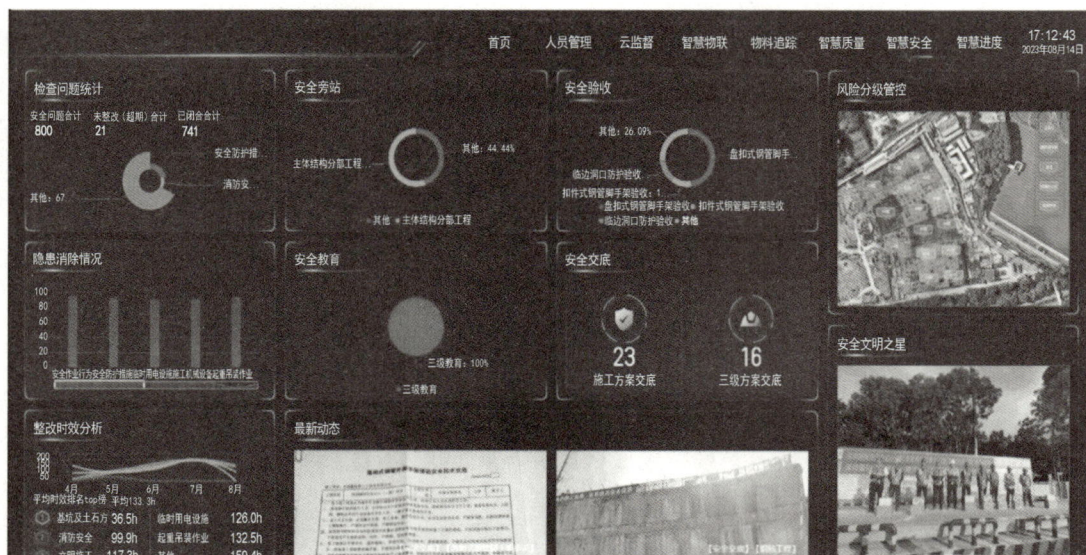

图 7-4　安全管理页面

针对构件类的物料，平台支持一物一码。用户通过手机APP扫描二维码，记录物料的跟进信息。每个构件都有唯一的二维码，不可篡改。结合BIM模型，根据颜色区分构件跟踪状态，直观展示当前施工进度，并可实时掌握每个物料的最新状态。每个节点的记录和资料，都能通过手机扫描二维码来查看，让物料的整个生命期都能轻松追溯。在追踪过程中APP会自动获取用户的地理位置，得知物料的具体位置，方便物资部提前安排物料的进场、入库等事项（见图7-5）。

3. 施工监测

通过连接各类感知设备、传感器和智能设备，实现对现场的实时监测和数据收集分析，让用户能够远程监控和管理项目，实现资源的合理分配和更高效的工作模式。平台设置视频监控系统、劳务实名制系统、塔吊监测系统、大体积混凝土监测系统、环境监测系统等17个监测子系统，实时监测项目现场人员的不安全行为、机械设备的不安全状态、

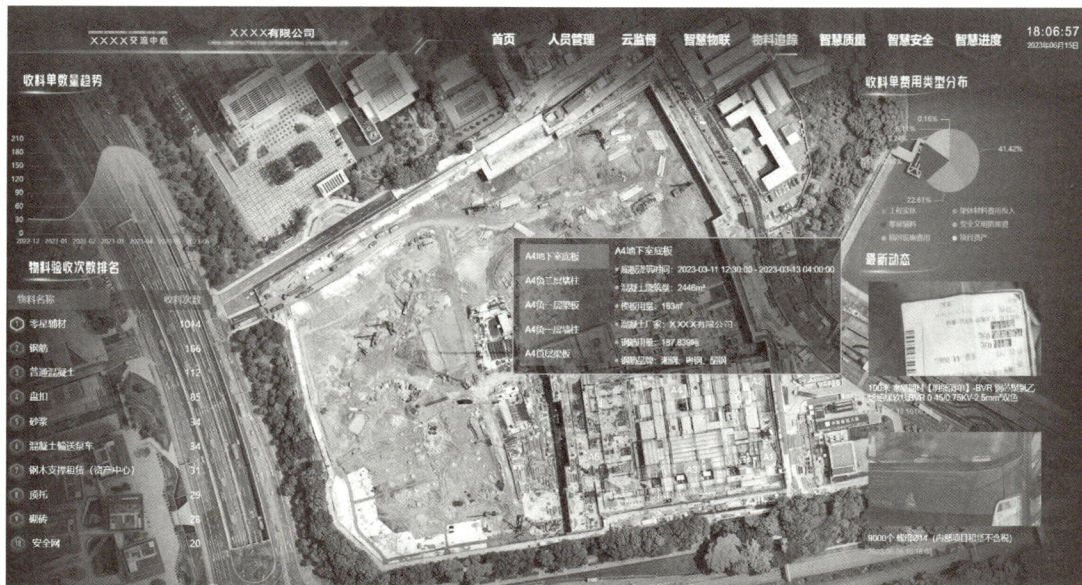

图 7-5　智慧物料追踪

物料的不安全因素（见图 7-6），通过设置各类监测数据阈值，实现异常数据的提前预警报警，联动项目相关责任主体进行前置处理，有效规避潜在风险。依托 AI 技术，对安全帽、反光衣、禁区闯入识别预警，有效避免人员伤亡。同时，对各监测子系统的监测数据进行统计分析，为项目指挥决策以及精细化管理提供有效数据支撑。

图 7-6　人员管理和环境监测模型展示（一）

图 7-6　人员管理和环境监测模型展示（二）

4. 质量验收及检查

基于工程报审通过的检验批划分，对每个构件定义"分部工程-子分部工程-分项工程-检验批-检验批区段"属性。将 BIM 轻量化引擎的构件数据与检验批、安全验收单据集成，最终实现在 BIM 模型中体现安全验收的信息。如图 7-7 所示，通过"业务数据-检验批-构件"的关联关系，一目了然纵览各构件的验收情况，也支持查看单个构件被挂接过的验收数据，追溯其过往质量验收详情；也可在模型查看项目整体的隐患分布情况，并可

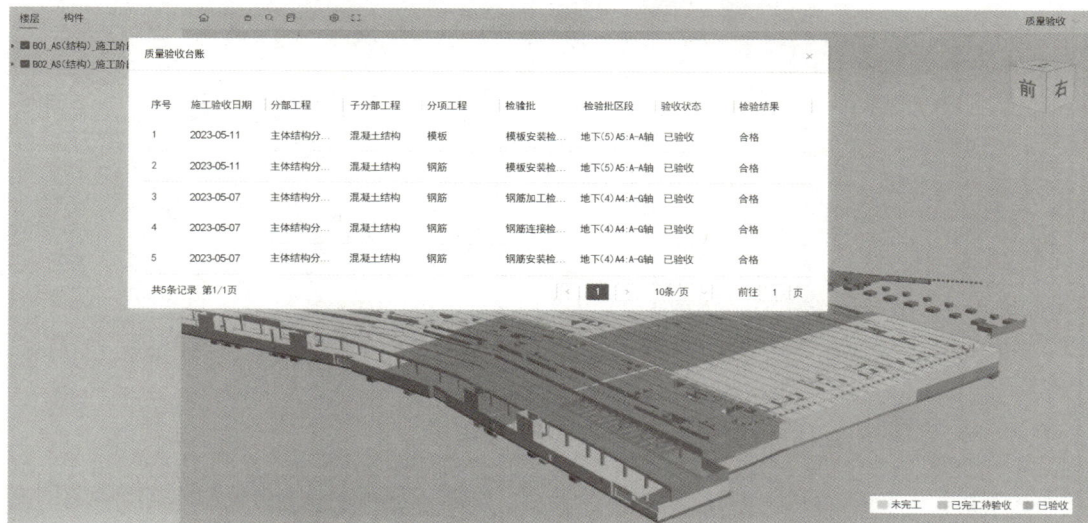

图 7-7　质量验收视图模型展示

快速查阅单个构件所属检验批的历史隐患情况（见图 7-8）。对于不同的物料类型，配置差异化的追踪流程，在模型中根据各构件所处不同追踪环节以不同颜色示意，直观呈现构件所处阶段及项目建造进度，并可对各构件的生命期进行追溯，查看其各阶段的影像资料。

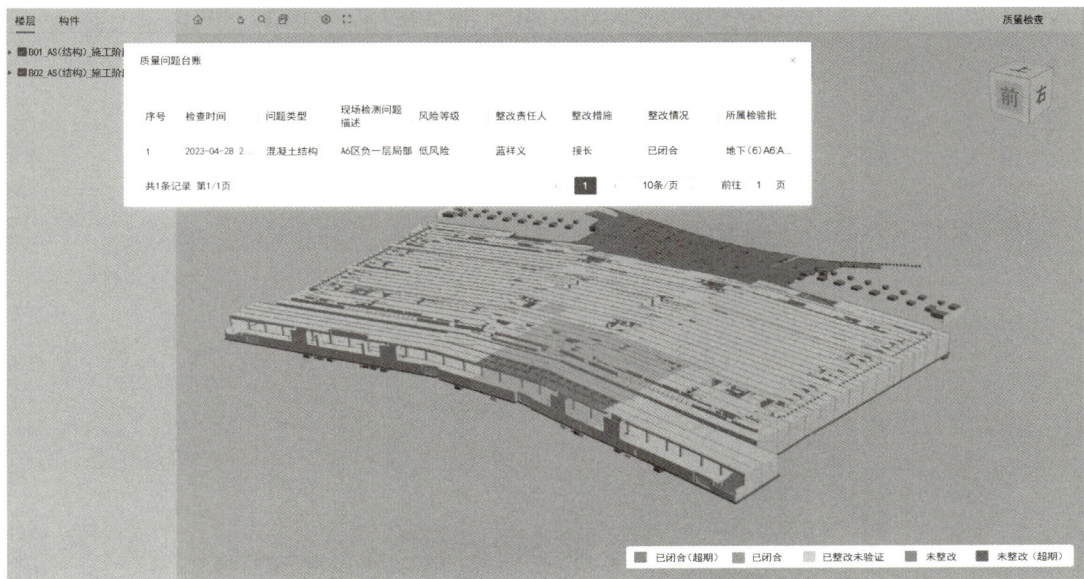

图 7-8　质量检查视图模型展示

7.2　桥梁工程案例

施工监控是确保施工中结构安全和工程状态能够满足设计要求的技术手段，在大型构建筑物的施工过程中起着指导和调整施工顺序的作用，包括施工监测和施工控制两个方面。施工监测采用传感器对结构关键部位的各项控制指标进行监测，一旦监测值接近控制值将发出报警。施工监测在保证施工过程中结构安全性的同时，也为施工控制提供监测数据。对于桥梁结构，施工控制就是在施工全过程采取有效控制措施，以保证成桥线形和内力满足设计要求，其中线形控制是施工控制的核心。

7.2.1　案例介绍

本案例以施工过程中结构的监测为重点，说明工程物联网和智能工地的应用。某大桥全长 1289m，桥跨布置（由北向南）分别为：北岸滩地引桥（120m）、北岸跨堤桥（195m）、主桥（650m）、南岸跨堤桥（195m）和南岸滩地引桥（120m）。该桥全貌及全桥布置如图 7-9 和图 7-10 所示。全桥上部结构形式为钢-混组合连续梁，下部结构形式为矩形实心片墩，混凝土桥面板分为预制与现浇两部分。

该桥主桥采用顶推施工方法。钢梁顶推施工需要经历一个复杂而漫长的施工过程，结构中各个部分在分段施工中逐步形成。各个施工阶段不仅结构形式不同，结构的坐标、边界约束条件、内力和变形均随着顶推过程而不断变化。每个截面都要经历正负弯矩的交替变化，施工荷载与成桥状态的设计荷载也存在一定差异。此外，钢梁在定位焊接、顶推的过程中还受到大气温度、日照温差等环境因素的影响，从而使结构内力和位移随着顶推施工的进行而偏离设计值。综上所述，为了保证施工质量和施工安全，必须对该大跨径连续箱梁桥进行施工监控。通过施工监控及时发现实际测量值与理论计算值相差过大的情况，从而进行调整防止可能出现的结构破坏或其他安全事故，同时也为桥梁建成后的运营安全和有效维护奠定坚实基础。

图 7-9　某大桥项目三维全景视图

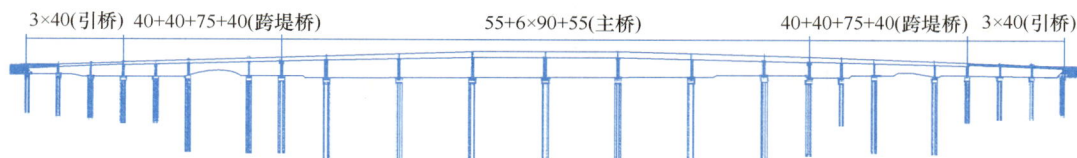

图 7-10　全桥布置概略图（单位：m）

7.2.2　施工监控重点及难点

大桥分北岸滩地引桥、北岸跨堤桥、主桥、南岸跨堤桥、南岸滩地引桥五部分。全桥上部结构形式均为钢-混组合梁连续梁，下部结构形式为矩形实心片墩。混凝土桥面板分为预制板与现浇两部分制作。纵、横向钢顶板之间的桥面板为预制构件，钢顶板上的部分为现浇湿接缝。混凝土桥面板按照梁段制作，在钢梁节段上放置预制板，直接在钢梁上浇筑现浇缝，形成钢混组合梁节段。从施工监控的角度来说，本桥为梁桥结构，主桥施工采用了顶推的施工方法，跨堤引桥和滩地引桥采用少支架安装施工，故主梁的线形在顶推或支架安装完成后不可调控，这就要求对于主梁的加工、拼装需要进行准确的控制。此外加工及拼装线形如果与理论线形存在偏差，则在施工过程中由于桥墩支点位置相对固定，故如果制造线形出现偏差时，会在主梁内部产生一定的附加内力，影响主梁在施工各过程中的安全，甚至可能给运营阶段带来一定的影响。因此主梁的制造线形是本桥施工监控的重点之一。

主桥顶推长度 650m，钢梁顶推施工时间周期长、节段多，结构中的各个部分是在分段施工中逐步形成的，这些必然造成结构的内力和位移随着顶推施工的进行而发生变化致使偏离设计值。顶推施工过程中，随着钢导梁的前行，梁段悬臂长度逐渐增大，所对应的前端临时墩反力也在逐渐增大，而增大的反力传递至钢梁底板极有可能导致钢梁底板、腹板及加劲板件发生较大的应力集中现象。因此，需要根据施工方案准确地计算并监控顶推施工中的临时墩反力变化规律，决定是否有必要对钢梁支撑位置进行相应的局部板件加固，以保证顶推施工过程中主体结构的安全性。

7.2.3 施工监控内容

施工监控通过在施工过程中对桥梁结构进行实时监测，保证桥梁建成时的几何形状和内力状态最大可能地接近设计成桥理想状态，同时也确保施工期间的结构安全、施工质量和施工工期。进行施工监控前要进行施工控制计算，根据施工图提供的施工流程，对全桥进行施工全过程模拟计算，得到优化施工工序、施工过程中主梁的定位线形、全桥控制截面的内力、应力及变形规律。针对本桥桥型及施工方法的特点，施工监控的总原则是保证主梁内力在控制范围内的情况下，尽量达到设计线形。本项目现场情况如图 7-11 所示。

工程施工现场监控内容主要包括钢板桩围堰变形监测、主梁线形监测和主梁应力监测三部分。

1. 钢板桩围堰变形监测

该桥水中承台采用钢板桩围堰施工，为保障施工过程中钢板桩围堰安全、稳定，掌握施工过程中各钢板桩围堰的状况，对最不利的 8 号～13 号水中承台钢板桩围堰进行围堰变形监测。根据前期最不利荷载工况下变形计算结果（见图 7-12），钢板桩围堰变形监测测点布设在内支撑顶面，测点位置选取最不利荷载工况下内支撑变形最大的位置，详细测点布设如图 7-13 所示。

2. 主梁线形监测

主梁线形监测是保证大桥达到预期设计目标的关键，采取科学的措施对主梁挠度实施监控、预测分析、实时调整，从而使大桥实际线形尽可能地吻合设计线形。该桥的主梁线形监测包括主梁标高监测和轴线线形监测。

(a)

(b)

(c)

(d)

(e)

(f)

图 7-11　现场情况

（a）钢板桩围堰施工；（b）承台浇筑；（c）桥台施工；（d）桥墩施工；

（e）钢箱梁吊装；（f）主桥主梁顶推

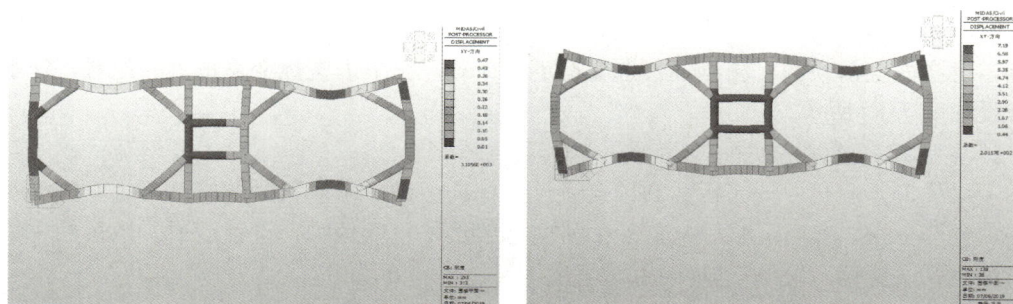

图 7-12　第一道、第三道内支撑最不利荷载工况下变形图

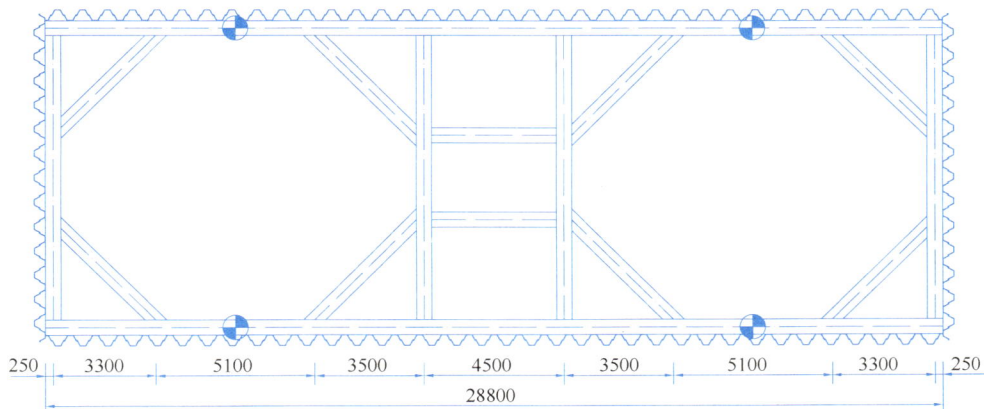

图 7-13　钢板桩围堰变形测点平面布置图

　　主桥钢梁采用在拼装平台上进行无应力拼装施工方法，拼装时需要对待拼梁段与安装梁段进行平面和高程位置的匹配，因此测点布置应兼顾平面坐标匹配与高程坐标定位匹配。主桥边跨根据顶推节段划分，在每个梁段的前后两端（距梁段分界线20cm）布设2个测试截面，每个截面布置2个线形测点（高程与轴线同测点）。为保证主梁定位准确，应结合设计图纸中的钢主梁定位点进行测点布设，主桥主梁顶推施工梁段定位测点布置如图7-14～图7-16所示。在顶推到位后，在主桥边跨布设5个测试截面，分别位于边跨跨中截面、四分点截面和墩顶截面，中跨布设7个测试截面，分别位于中跨跨中截面、六分点截面和墩顶截面，每个截面布置2个高程测点，通过在钢梁顶板焊接钢筋头进行转点，引至混凝土桥面上。主桥主梁施工定位测点布置如图7-17～图7-19所示。

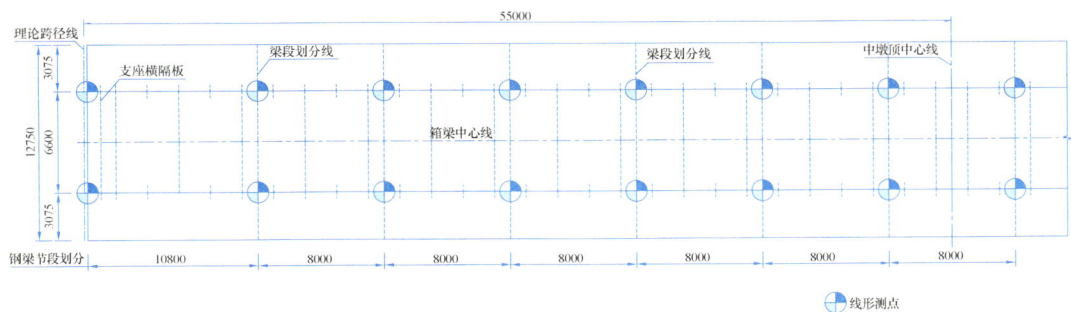

图 7-14　主桥边跨测点平面布置图（顶推过程中）

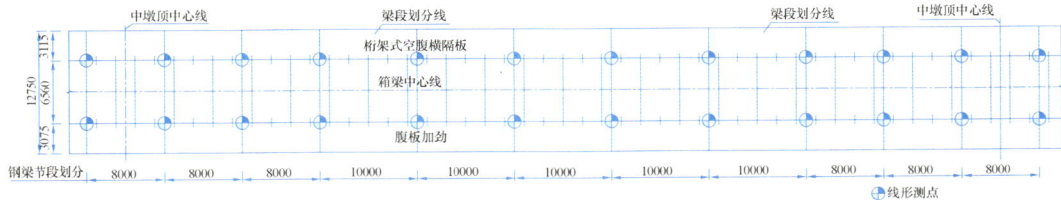

图 7-15　主桥中跨测点平面布置图（顶推过程中）

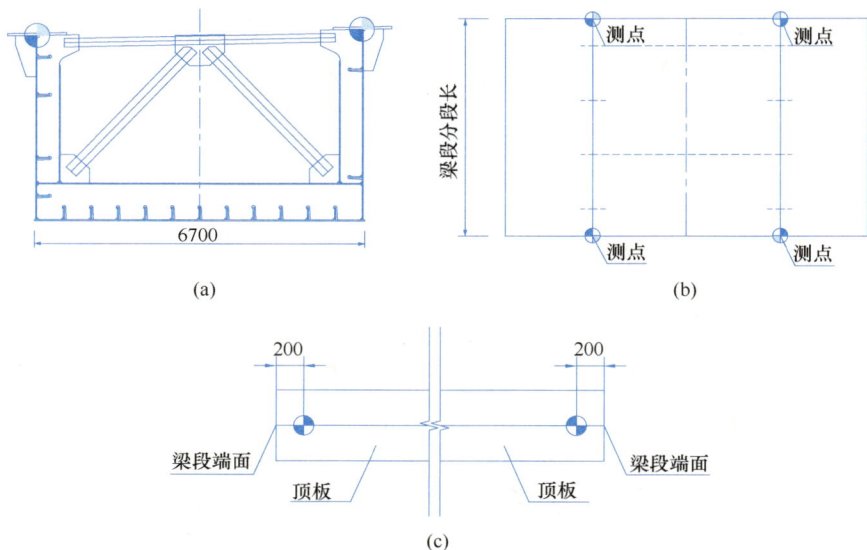

(a)

(b)

(c)

图 7-16　测点横断面布置图（桥面板施工前）

（a）钢梁断面测点图；（b）梁段测点平面布置图；（c）钢梁测点大样图

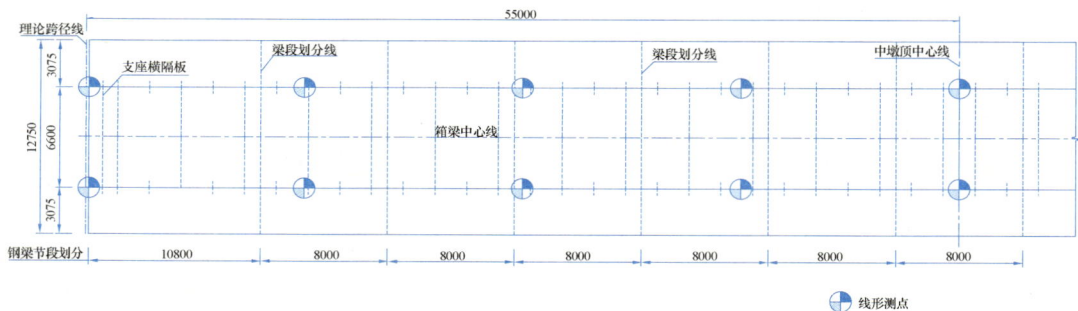

图 7-17　主桥边跨测点平面布置图（顶推到位后）

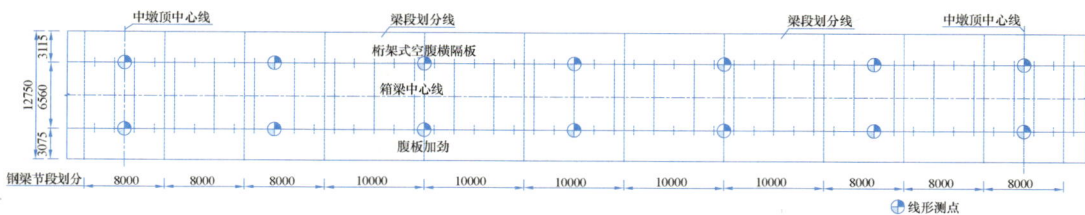

图 7-18　主桥中跨测点平面布置图（顶推到位后）

　　主桥采用顶推施工，线形主要测试工况包括：钢梁拼装焊接后（顶推前）、钢梁顶推到位落梁后、桥面板施工完成后（预应力钢筋张拉后）、二期恒载施工后。钢梁顶推前后需对上一轮定位焊接梁段的前后断面测点进行测量；每顶推半跨梁段，需对已顶推梁段进行通测，以修正梁段轴线偏位，此时每一梁段测量前端断面测点；每跨施工完成前（墩顶梁段前一片梁段），对该跨前后断面测点进行通测，以修正该跨梁长。对于几何测量仪器，

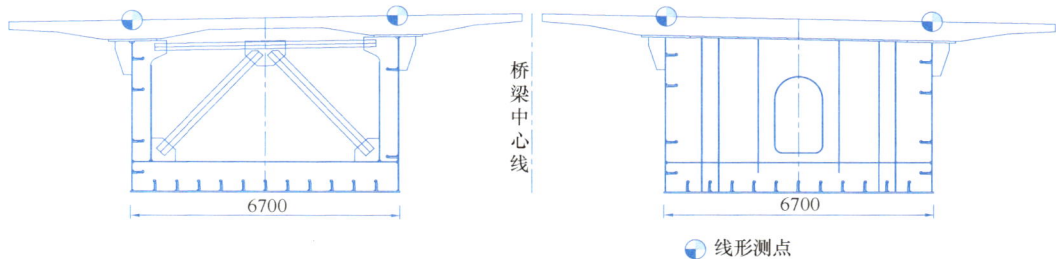

图 7-19　测点横断面布置图（桥面板施工后）

水准仪每千米往返测量中误差应不大于±1mm；全站仪测距精度不低于1mm＋1ppm，测角精度不低于1″。高程测量绝对误差（相对施工控制网）不得大于±5mm，每跨梁段架设完毕后均应对该联进行一次通测。主梁同一断面高程测点的平均误差应小于±20mm；左右高程相对偏差不大于10mm。每个梁段施工完毕，监控单位应对监测结果进行评价并提供报表。

3. 主梁应力监测

监测施工过程中结构应力状态，主要目的是了解梁控制截面的应力状况，并对施工工况及其他荷载变化情况进行判断，从而确保结构施工安全。施工阶段在主梁关键截面布设应力测量元件，开始记录主梁应力，并在以后所有阶段读数，跟踪监测主梁应力，保证应力在整个施工过程中合理安全。

应力监测断面应根据前期计算结果选择在顶推施工过程中应力较大或应力变幅较大的截面，同时也应考虑成桥状态主梁应力和温度监测的需求。随着主梁节段向对岸持续推进，全桥各个截面的内力不断地从负弯矩到正弯矩再到负弯矩反复变化。根据以往监控经验，顶推阶段内力较大的截面通常为导梁后方第一节段位于支座上方的截面以及成桥状态的墩顶截面和各跨跨中截面。因此，需要对以上这些截面进行钢梁纵向应力（应变）监测。全桥测试截面对称布置，主桥主要测试截面布置如图7-20～图7-23所示。

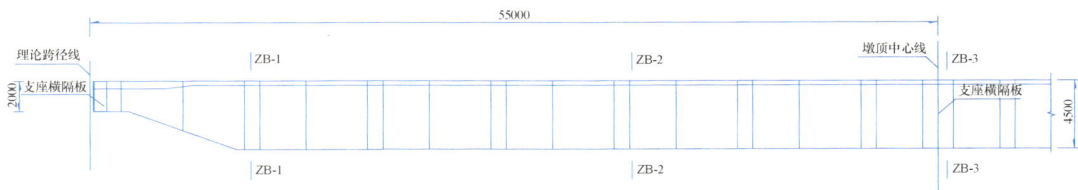

图 7-20　主桥边跨应力（应变）测点截面布置图

图 7-21　主桥中跨应力（应变）测点截面布置图

通过在梁体控制截面粘贴振弦式应变计进行梁体纵向应力（应变）监测，应变测点位于钢梁底部，在主要受力位置布置三个测点。此外，在应变监测的同时需要进行温度测

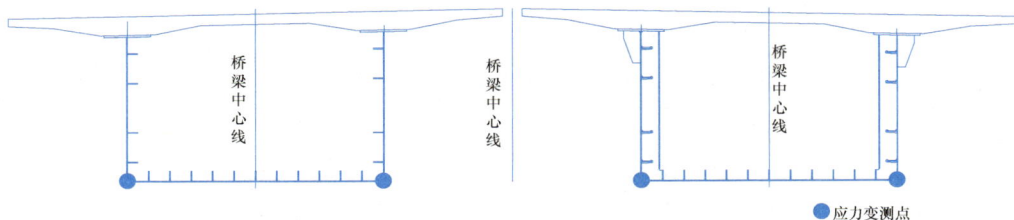

图 7-22　主桥测点横断面布置图（普通断面、加劲肋断面）

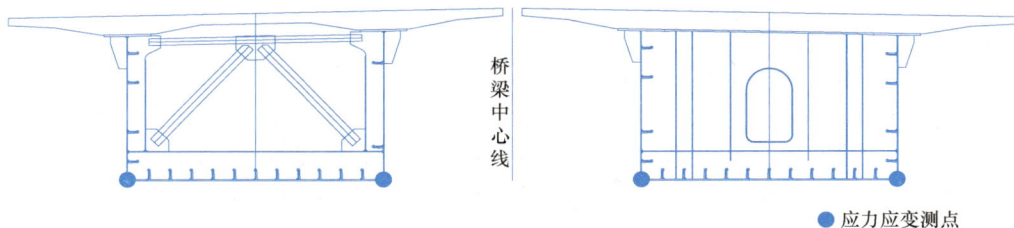

图 7-23　主桥测点横断面布置图（横隔板断面、墩顶断面）

量。主梁各控制截面应力测试在顶推、桥面板吊装、二期铺装、支架拆除等工况进行。监测的上缘平均应力误差及下缘平均应力误差均应小于±10%，当理论应力水平小于60MPa 时可按照 ±6MPa 进行控制，当应力水平达到 60% 材料允许强度（Q345 为120MPa）或超过上述误差范围时应提供预警。应力及温度监测结果在每个梁段完成后以报表形式提供。

7.2.4　施工监控成果分析

1. 通过对大桥工程 8~13 号墩水中钢板桩围堰跟踪监测分析，主要结论如下：

（1）8~13 号墩水中钢板桩围堰顶部桩身水平方向位移范围为 0.001~0.018m，小于预警值 30mm，满足变形要求，表明钢板桩围堰在整个水下封底混凝土、承台、桥墩施工过程中处于安全状态。

（2）从第一道内支撑施工完成至承台施工前，随着钢板桩围堰内水位的下降，钢板桩围堰变形量逐渐增大，而后至墩身施工完毕，钢围堰内水位恢复至围堰外水位，钢围堰变形基本复原。在整个施工过程中，各钢板桩围堰监测测点变形值变化趋势与理论趋势一致，符合钢板桩围堰施工的受力特点。

2. 通过对主桥施工过程中及铺装完成后的主梁线形跟踪监测分析，主要结论如下：

（1）在主桥钢梁顶推到位落梁后，根据监控量测结果，指导施工单位通过调节临时墩墩顶调节管高度。对不满足要求的钢梁标高进行了调整，钢梁顶推到位落梁完成后梁顶标高误差基本控制在±20mm 以内，基本达到了监控要求且钢梁线形平顺，表明钢梁在顶推过程中拼装线形合理、控制到位。

（2）主桥桥面铺装后桥面线形通测结果显示，桥面标高误差在 -0.019~0.019m 之间，标高误差控制在±20mm 以内，满足监控要求。成桥状态下主梁线形整体平顺，表明施工过程挠度变化实际值与理论值基本一致，主梁成桥预拱度实际值与理论值相符。

3. 通过对主桥施工过程中及铺装完成后的主梁应力跟踪监测分析，主要结论如下：

（1）整个施工过程应力误差在－4.76～4.98MPa 之间，应力误差在±6MPa 以内，整个施工过程中应力监测无异常现象发生，未出现应力集中现象，应力状态基本满足规范及控制要求，表明主梁实际刚度满足要求。

（2）施工过程中实测应力水平与理论值较为接近，各控制截面内应力呈有规律的增长态势，符合钢混组合梁吊装和顶推施工的受力特点。

（3）各施工阶段随着主梁受力状态的改变，各个应力控制截面的实测应力增大，各施工阶段应力变化实测值与理论值基本一致，整体变化趋势与理论计算值变化趋势基本一致，表明大桥实际受力状态与设计状态基本一致。

综上所述，施工过程中的实测挠度、应力值与理论计算值吻合较好，结构始终处于安全状态。成桥后桥面标高满足设计要求，线形平顺，桥面铺装后主梁存在合适的预拱度，桥面高程误差在±20mm 以内。该桥采用的监控方法合理，达到预期监控目的，为全桥顺利通车提供了可靠的技术保障。此外，该桥施工监控方法和控制标准也可为今后类似桥梁结构的施工提供指导和借鉴。

7.3 轨道交通工程案例

7.3.1 案例介绍

地铁作为城市的重要公共基础设施，被誉为现代城市的大动脉。地铁工程建设大多是在城市的中心区域，项目建设周边环境复杂、施工技术难度大、风险因素多，容易引发工程质量安全问题。为应对这些问题，许多地铁工程建设项目正积极应用数字化、信息化技术，打造地铁工程智能工地。

某市工程建设管理单位应用工程物联网、云计算、工程大数据、AI 等信息技术，为已有的在建线路与工点搭建了地铁工程智能工地管理平台，涵盖业主、设计勘察、施工、监理、监测在内的五方责任主体，形成了地铁工程质量安全管理合力，提升了质量安全水平。如图 7-24 所示，该平台包含视频监控系统、隐患排查系统、安全预警系统、特殊作

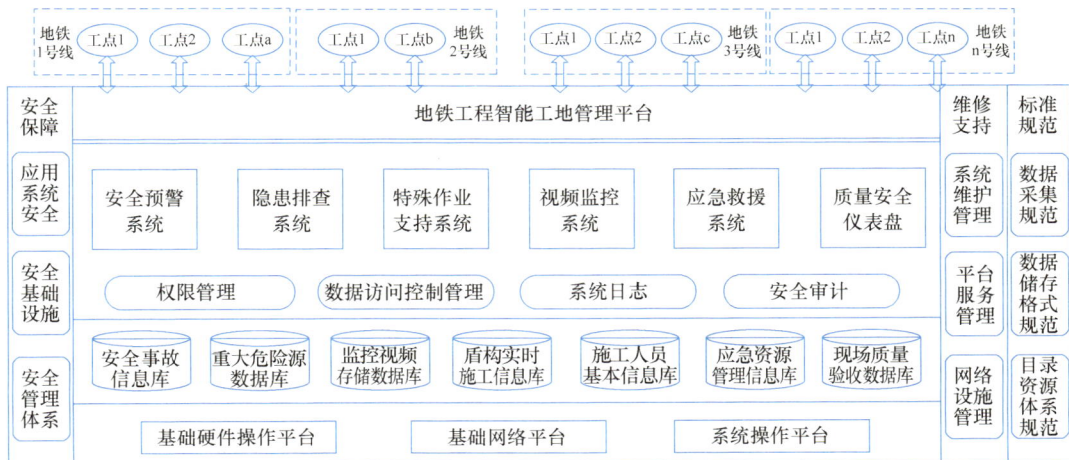

图 7-24 平台架构

业支持系统、应急救援系统、质量安全仪表盘等功能模块。通过互联网平台与移动智能终端软件的开发应用，形成多层次、全网络、智能化的监管机制。

7.3.2　系统功能模块

1. 视频监控系统

视频监控系统可及时对各工点的主要施工作业面，特别是风险较大的部位进行全覆盖无死角监控，跟踪并记录施工过程。对明挖车站，能监测到基坑的支护架设、坑周土体等情况；对盾构或暗挖区间，能发现基坑渗漏水、建筑物沉降等情况；此外，对工地现场的总体施工作业规范状况和人员聚集、突发险情等紧急情况也能做到及时监测，所有监控记录都可追溯。依托该系统，建设单位建立了 24 小时工地视频监控轮值制度，利用机器视觉和 AI 算法，对所有接入工点开展全天候不间断的监控，实现对复杂环境下的施工安全智能分析与报警。

2. 隐患排查系统

隐患排查系统是地铁工程质量安全管理的重要环节。系统内嵌隐患排查流程，并将线下各类需人工手填的表格转为系统中的填报页面，同时为便于检查和整改，开发了相应的手机应用程序，实现了隐患排查及整改管理的信息化。系统包含 1200 余条质量安全隐患标准条目，通过对隐患的实时取证上报，定期整改反馈，实现对隐患排查及整改活动的闭环管理。系统会自动追踪隐患的每个环节节点，并设置了短信通知与消息提醒功能，隐患排查每个步骤的平均操作时长不超过 1 小时，出现某个环节停留超过一定时间后，系统还会自动进行逾期报警，并自动将该任务传递给下一级领导，确保隐患排查工作可以有序进行，提高了隐患排查工作的效率。另外，系统按照隐患发生时间、涉及工程实体、隐患类型、隐患等级等维度进行统计分析，支持质量安全隐患的科学治理。例如，该建设管理单位在 2019 年针对数据库中某条线路下 600 多个安全隐患数据样本开展了敏感性分析，发现防护管理类、脚手架类、用电管理类等是容易被忽视的隐患排查类型。而除脚手架类以外，其他类型的隐患等级都是一般隐患，说明整条线路对重大、特大隐患管控到位，但对一般隐患重视度不够，容易发生事故。监控中心根据此次分析结果在后续安全检查活动中加强了对防护管理类、脚手架类、用电管理类等类型隐患的排查力度，并提醒施工单位重视此类问题，有效提高了安全隐患治理水平。

3. 安全预警系统

安全预警系统主要是对地铁施工中存在的安全风险进行自动识别与预警，包括施工前安全风险自动识别、施工中安全风险时空耦合分析以及特殊区段施工安全控制等。通过各种关键技术的协调运转来实现复杂环境下地铁施工过程中的安全动态控制。该系统还支持与 BIM、自动连续监测等技术集成。BIM 模型中涵盖完整的工程信息资源描述，如构件的名称和属性、材料的材质和性能、工程内部结构和边界等设计信息，以及施工方案、进度计划、人员投入、机械台班等施工信息。同时，由于在 BIM 建模阶段已构建了监测点的模型，因此可实现监测点模型与实测监测的数据链接，通过与安全控制标准值的对比，显示该测点安全状态，对应显示红、橙、黄、绿四种危险等级，并反馈在 BIM 模型中的对应构件上。同时，每一测点的安全状态又反映了周边构件的安全状态，可以实现在工程结构、周边环境等具体目标在时间和空间层面上的精准预警。

4. 特殊作业支持系统

特殊作业支持系统主要面向动火、用电、起重吊装等作业。如盾构刀盘吊装监控子系统可以实现吊装盲区、吊装过程的实时监控并提供吊装稳定性预警功能，从而辅助吊车司机的安全操作。采用同步调整频率和待/开机工作的监控传感器，可以实现关键高价值数据实时高频率采集，对无关数据不进行采集，同时还降低了传感器能耗，延长其工作时间。系统在分析吊装过程数据后，为吊装司机提供操作辅助支持。同时，由于现场施工人员很多，且流动性较大，因此选用支持蓝牙传输的身份证采集设备，搭配相应的移动终端APP，以确保信息采集效率。采集身份证信息的同时，会当场拍摄人员近照，系统后台的人脸识别算法可以确保该施工人员人证相符，进一步保障了高层作业安全。

5. 应急救援系统

应急救援系统以平台的大数据库为基础，对市域范围内所有工点的应急救援组织人员、应急物资和应急救援预案等信息进行集中存储与动态管理。为保障对地铁施工质量安全监控和应急指挥的业务需求，建设集团监控指挥室和工程施工现场开放分监控室。地铁集团监控指挥室作为所有工地监控数据的联网汇集中心，可以实时调阅各工地的文本、图片、音视频等信息资源并加以处理、分析和利用；工程施工现场分监控室负责与辖区内各传感器、网络、计算机等设备的互联互通，汇聚辖区内的信息资源，并按照相关技术标准统一接入集团监控室。监控室的管理人员可通过远程监控手段，实时掌握现场人员、机械和环境的动态变化。当现场有突发险情时，该系统可以快速反应，通过调度视频监控、操作现场无人机指挥装置等设备来实现第一步预警，并根据实时交通路况不断寻找应急救援物资的最优调运路线，同时，实时记录的应急救援过程信息将作为突发事件案例上传到事件案例库。事件案例库还存储了大量来自国内外其他城市及地区的地铁施工质量安全事件案例，为日常人员培训提供了大量素材。

6. 质量安全仪表盘

质量安全仪表盘作为一种决策支持工具，服务于不同管理层级，将项目质量安全管理通过"一张图"进行集成展示。从宏观层面来看，"一张图"通过对宏观状态的把控，让管理层能够从整体上，把握在建所有线路工点当前的运行状态和历史走势，同时，还能获取各个分线路的状态统计和各参建单位的考评信息。在微观层面，"一张图"包含了每个工点的工程设计信息、周边管网、环境信息与监测信息，实现了以地铁工程质量大数据为基础的综合决策支持。

为保证平台中各系统、各主体的数据传输稳定性，采用专用城域网络（有线传输和无线传输相结合）的VPN组网方式，如图7-25所示。在线缆管道富余的地区直接布放通信光缆直至接入工地，提高现有光纤资源利用率，同时有线接入保障了接入网络及带宽的稳定；在不具备通信线缆管道条件接入的地区，则采用无线中继传输组网的方式将工地接入VPN专网。工程施工现场的传感器多采用无线方式连接，包括Wi-Fi、ZigBee等技术；而针对便于布线且需要网络稳定的传感器，则采用有线网络。根据传感器布点位置不同，通过不同网络形式将工地的数据汇聚到节点上，再接入地铁专用城域网络中，实现有效的数据对接。

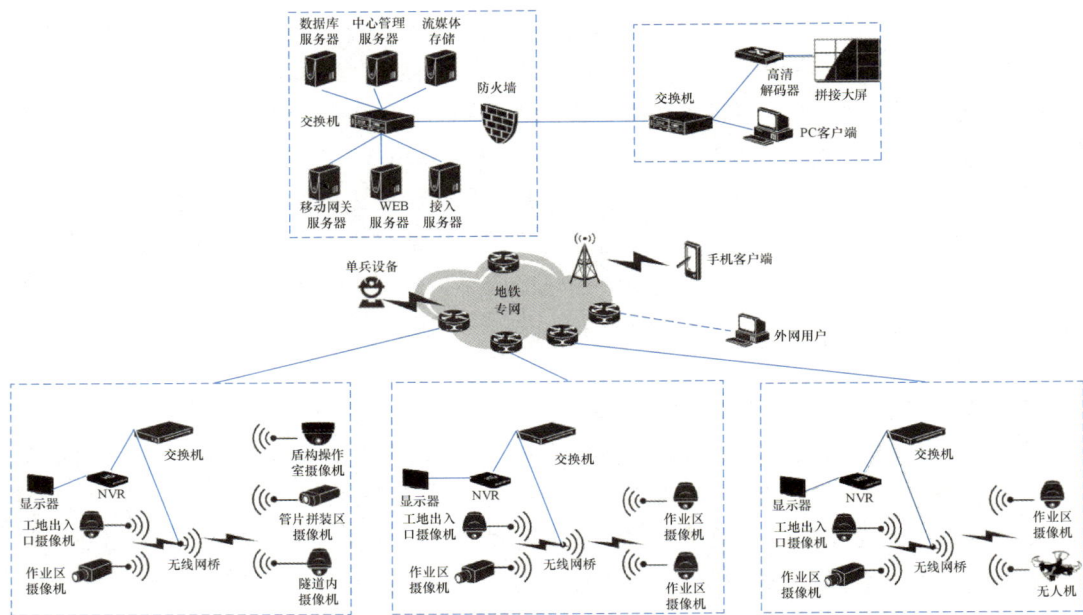

图 7-25   平台网络形式

7.4   隧道工程案例

7.4.1   案例介绍

我国隧道工程规模较大，但其施工成本较为高昂，且在建设阶段的潜在风险相对较高，难以适应超大、超长、超深等地下空间的高质量发展需求。当前隧道工程信息化管理平台的开发与实施整体处于起步阶段，尚未充分支持高效管控。因此，采用新一代信息技术手段，搭建隧道工程智能工地是未来隧道工程智能化发展的一个重要方向。

某市隧道工程建设项目建立基于 BIM 的隧道智能工地总控平台，旨在利用 BIM 与实时监控数据结合，对所涉及的大量结构化数据信息和非结构化属性信息进行分析和利用。其中，数字模型以 BIM 为主，对地上及地下施工、结构体与土体、盾构机等对象建模，并利用工程物联网采集的数据，建立可视化管理平台。该平台的运行可以提高隧道工程建设管理洞察力与决策力，实现基于数据与模型的科学决策。

7.4.2   系统功能模块

基于 BIM 的隧道工程智能工地总控平台共包含 7 个功能模块，分别为基于 Cloud-BIM 的工程进度追踪模块、影像监控模块、人员管理模块、基坑自动连续监测模块、安全隐患排查模块、盾构作业智能管控模块、环境事件智能监测模块。各个模块之间相互联系，共同推动隧道工程智能工地建设。

1. 基于 Cloud-BIM 的工程进度追踪模块

本模块构建 BIM 与隧道工程实体的关联，结合隧道工程施工进度数据，实现隧道工程施工进度的可视化展示与信息化管理，如图 7-26 所示。

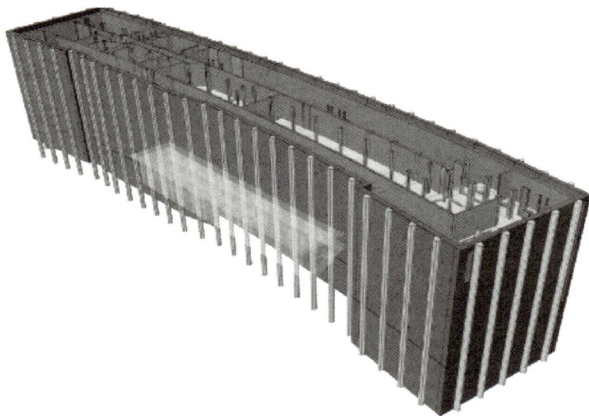

图 7-26　BIM 进度追踪可视化展示

BIM 数据的主要来源为项目设计图，进度数据主要是施工过程中通过点云、照片、文本等方式记录而得。平台反映项目施工进度的方式主要以颜色区分，具体的施工进度信息由现场人员定期填报。基于 BIM 的工程进度追踪对象主要包括盾构机模型，隧道结构体、基坑、主要管线、周围重要建筑物、地下管线、地质模型，如图 7-27 所示。其中，主要管线精度为 LoD200、基坑模型达到 LoD300、隧道主体模型达到 LoD300。LoDn00（n 为 1～5 的某一自然数）指在施工图设计阶段物体主要组成部分必须在几何上能够反映物体的实际外形，构件应包含几何尺寸、材质等，模型所包含信息量要与施工图设计完成时的 CAD 图纸信息量保持一致。隧道主体 BIM 包含各个管片的几何尺寸、各环管片拼装点位及转角，预制口字件的几何尺寸和拼装点位。同时，管片模型还能记录二次注浆孔的封堵情况。除隧道本体外，BIM 中的地质空间应包含地勘报告所记录的岩层信息（如岩土种类、土壤性质和相关岩土参数等）。该部分主要基于地勘报告的信息进行生成，也可根据实际情况增加周边房屋和水文信息。在施工过程中将进度数据与构件绑定，即可在"一张屏"实现工程进度整体可视化。

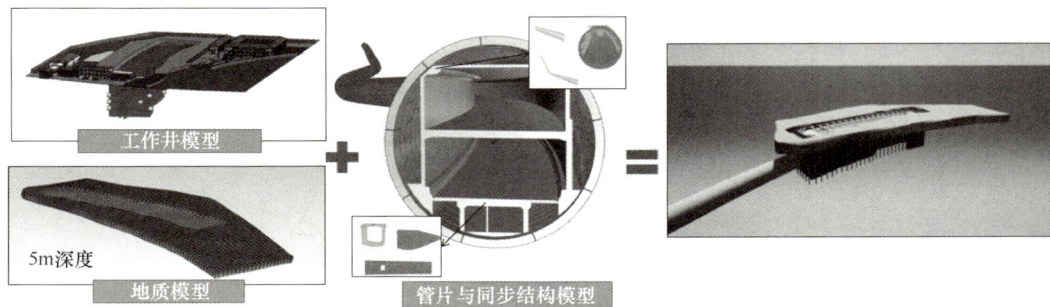

工作井模型

5m深度

地质模型

管片与同步结构模型

图 7-27　隧道 BIM 模型（部分）

2. 影像监控模块

该模块主要利用视频、图像采集技术，将视频监控通过 5G 网络传输等方式传输至隧道智能工地总控平台，做到现场全覆盖。该模块在充分考虑现场已布置监控设备的基础上，对现场施工情况的远程监控，特别是项目大门、基坑工区、基坑开挖面、管片拼装区和出土区等重要区域。除了整合所有工点的现场摄像头视频信号以外，本模块还具有人机不安全交互智能识别、录像检索回放、录像备份下载等功能，在平台中通过多层次"一张屏"监控。

该模块主要分为三个部分：影像记录、视频监控、监控数据预警。其中，影像资料由多方提供，并在审核后进行归类。

（1）影像记录：采用专业摄影设备、无人机以及手机 APP 等工具，对工程进行全方位记录。从进场调查项目初始状况开始，到项目开工及各施工工序的开展，以时间先后顺序分别进行记录整合，特别是针对重要工程节点，将重要事件形成相册进行分类归档，全面记录隧道施工过程和关键事件。

（2）视频监控：在平台中设计影像板块，对采集到的图片和视频进行分类展示。按照时间顺序记录，展示不同节点重要影像，可以实现在线查看、检索、上传和下载。

（3）监控数据预警：对摄像头捕捉到的视频数据进行筛选，并以截图的方式生成图片，部分图片如图 7-28 所示。同时，对图片中的多种目标进行分类标注，预先分为起重机、挖土机、运输车、人员、私家车、搅拌车等目标种类。将标注好的照片数据按确定比例分为训练数据和测试数据，根据测试结果中的刷新率（FPS）和准确率等指标，建立目标识别模型，并根据像素距离判断目标之间的相对位置关系，从而智能识别人机交互过程中的安全隐患。

图 7-28　原始照片数据整理（部分）

3. 人员管理模块

该模块主要提供人员信息管理、重点区域人数统计分析等功能。人员信息管理主要根据国家对工人实名制的要求，与重点工作区域（如基坑）的门禁对接，将入场人员的信息导入至平台数据库。考虑施工人员流动性大，现有的人员实名制管理系统信息录入繁琐，存在临时班组人员身份监管不足、效率低下等问题，本模块采用人脸识别技术可实现对入场人员信息管理及安全帽佩戴的识别。统计分析工作主要根据门禁中的进出场记录，计算当前项目在场人数，按时间/区域自动统计各单位在场人数、各人员工作时间、各区域总工时等信息，并根据需求形成相应的统计图表。

4. 基坑自动连续监测模块

该模块从两方面开展工作以提升基坑工程安全管理的准确性和有效性，其技术路线图如图 7-29 所示。一方面，通过基坑自动化连续监测模块对基坑支护结构、基坑周围的土体进行全面监测。在结构关键部位部署相应的传感器组成传感网，进行支撑轴力自动化监测、冠梁沉降监测、围护结构变形监测等，再通过网络将监测数据传输至边缘计算网关进行数据临时存储和预处理。而后，从数据中评估基坑工程的安全性和对周围环境的影响程度。

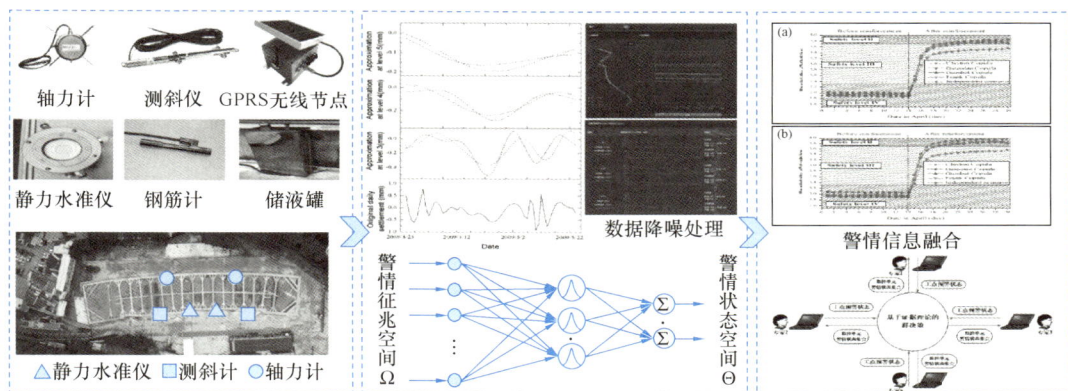

图 7-29　基坑自动连续监测

另一方面，受周边环境影响，比如大型机械引起的强烈振动，自动连续监测数据会产生较大波动甚至出现误报警的情况。为了减少人工排除异常值所产生的时延和工作量，该模块拟采用孤立森林算法（Extended Isolation Forest，EIF）智能排查基坑监测异常值，即从给定的基坑监测数据特征集合中随机选择特征，然后在特征的最大值和最小值间随机选择一个分割值以隔离离群值（见图 7-30），最终减少周边环境干扰引起的自动连续监测数据异常而产生的基坑误报警问题。

通过利用自动连续监测设备采集始发井冠梁沉降、支撑轴力、钢筋混凝土支撑轴力、深层水平位移等数据，通过与第三方监测数据对比表明，基坑工程安全管理的准确性和有效性有所提高，其分析如图 7-31 所示。

5. 安全隐患排查模块

该模块建立一套科学、完整的隐患排查与治理机制，将施工单位和监理单位提供的隐患排查清单结构化，并基于工程物联网、云计算等技术构建安全隐患排查模块，形成了一整套闭合的隐患排查、推送、处理体系，从而给现场隐患排查治理模式带来变革。隐患排查清单由已有研究与工程实际制定，并将其按隐患引发事故后果的严重程度进行分级。将隐患排查清单嵌入模块，根据制定好的推送规则将其推送至相关管理人员，实现施工隐患

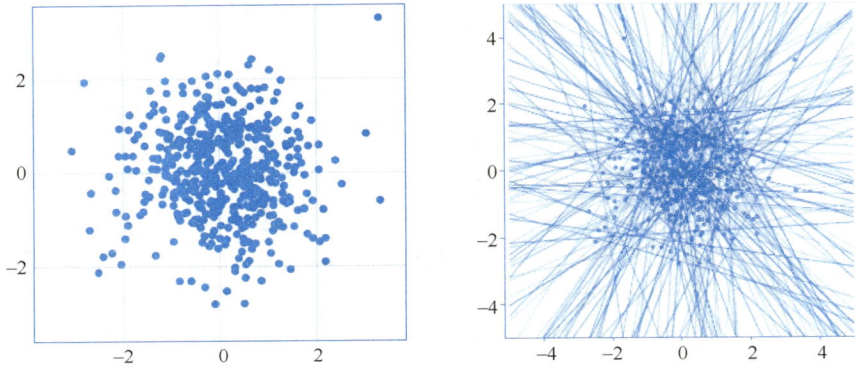

图 7-30   基于 EIF 算法的异常值检测原理

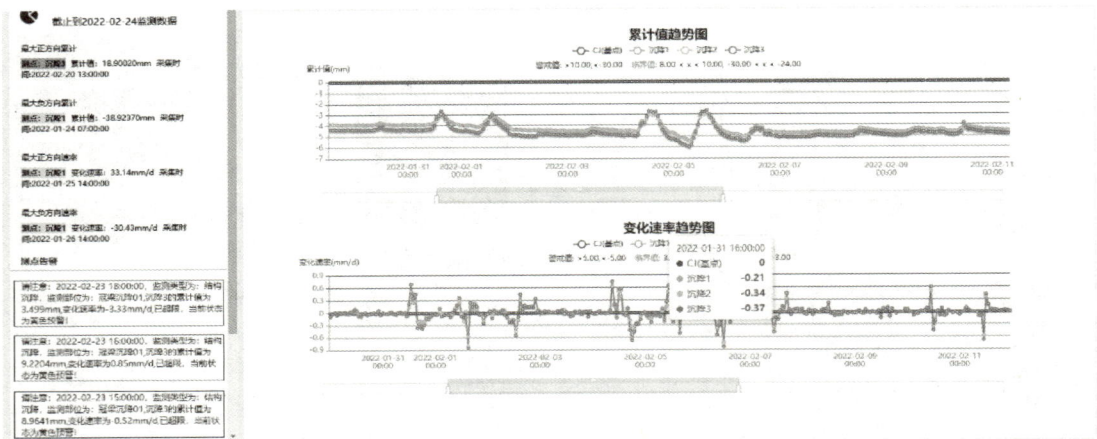

图 7-31   基坑连续自动监测数据统计分析图

的快速排查。

　　隐患智能排查与闭环管理流程框架如图 7-32 所示。管理人员通过 B/S 端（网页）、C/S 端（手机 APP）以及摄像头等方式将识别出的隐患上传。AI 技术则利用已训练的模型，从视频影像中识别隐患目标后自动上传。采集到的数据通过 4G/5G、Wi-Fi、有线接入网络等网络通信设施上传至动态数据库。数据主要包括隐患数据和知识信息，其中隐患数据包括隐患内容、治理轨迹信息、隐患分析报告、预警信息等；知识信息包含安全生产隐患清单、隐患防治措施等。对完成闭环管理的隐患进行定期分析，从隐患分布、隐患等级、隐患发生概率等多方面进行总结，生成统计分析报告以供管理人员参考。安全预警主要通过统计分析报告总结出的隐患发生规律，开展短期预警和长期预警。其中短期预警指在隐患闭合后的短时间内，针对该类隐患进行专项防治，减少该类隐患发生概率；长期预警指根据长时间内隐患的发生规律，对安全隐患管理体系进行完善，以便更有效地开展隐患防治工作，实现隐患管理良性循环。

　　该模块通过人工与 AI 技术相结合的隐患排查方式，在实际项目中实现了参建各方在手机 APP 与 Web 端随时开展相应隐患排查治理工作，使隐患排查人及时了解隐患整改动态，提高隐患排查治理的效率。

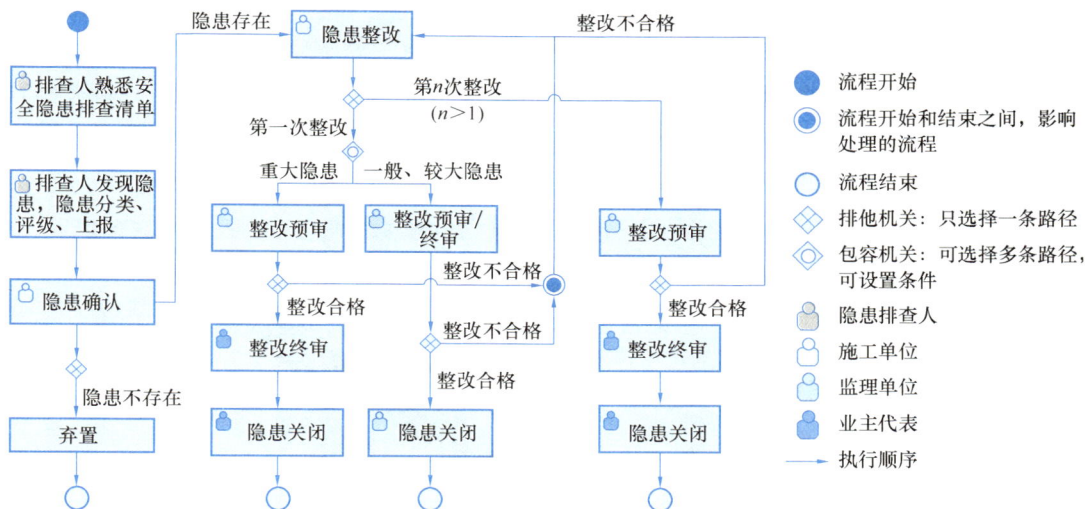

图 7-32　隐患智能排查与闭环管理流程框架

6. 盾构作业智能管控模块

该模块依托盾构隧道的参数化模型和工程地质模型，建立基于参数化的盾构隧道施工-仿真一体化技术，实现盾构隧道施工过程中的数值模拟风险分析。基于现场实时监测数据，如盾构施工过程中导致的土体沉降、掌子面压力和盾尾间隙等，通过多元数据融合引擎，生成数据机理混合模型，实现现场监测数据对风险分析模型的动态更新和修正，同时实现对后续施工步骤的风险分析和可视化。该模块可基于风险分析结果，给出相应的施工建议，如如何调整盾构参数和加固等，并对给出的建议可能产生的实际效果进行评价，具体如图 7-33 所示。

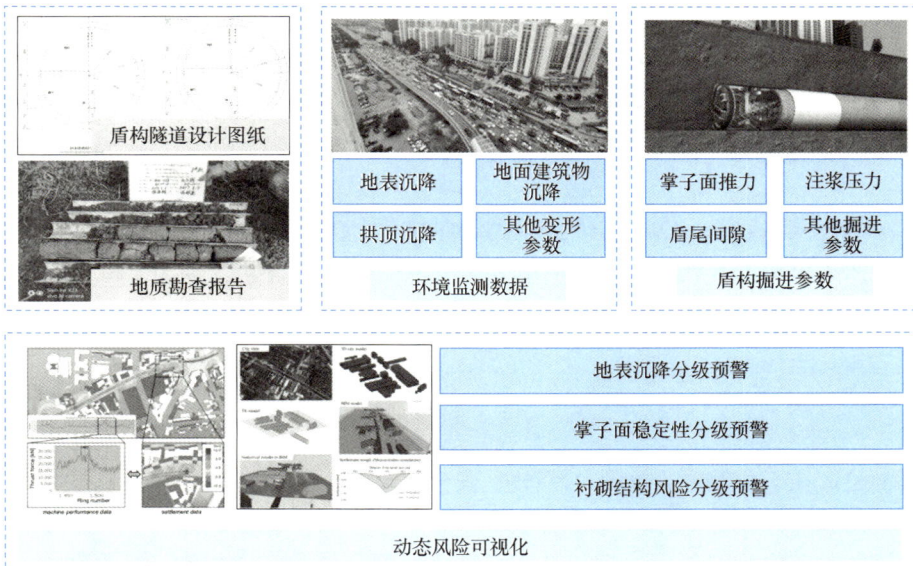

图 7-33　混合模型支持的盾构掘进时空风险云排查

另外，该模块提供基于 BIM 的盾构施工质量管理功能，如图 7-34 所示。借助 BIM＋点云及传感器技术完成隧道关键工序、施工方案及专项技术等三维可视化技术交底，不仅降低了施工人员理解图纸的难度，有效避免对图纸理解不清产生的施工错误，提高了技术交底的效率，保证了施工质量；同时也达到提前预见问题、技术交底更彻底、隧道工程重点及难点实体部位三维可视化的应用效果。

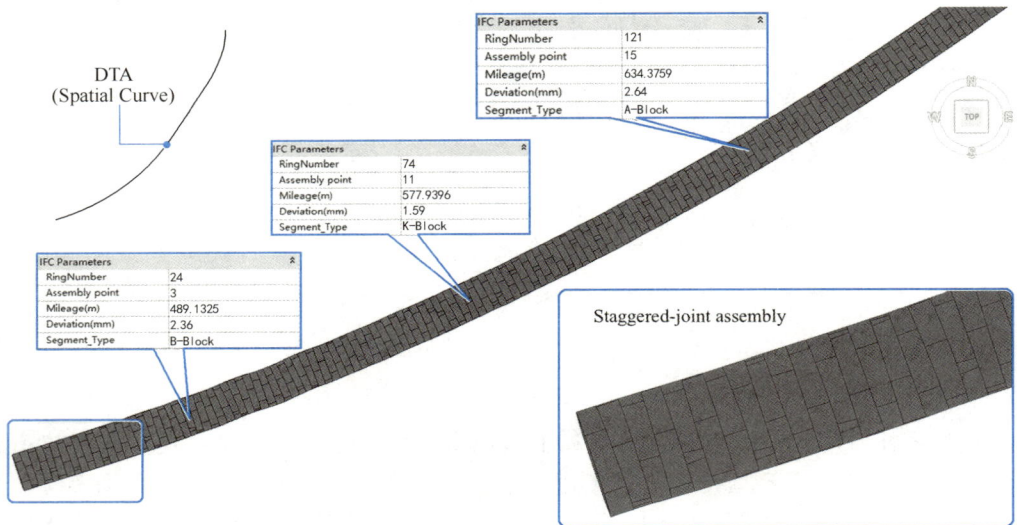

图 7-34   BIM 模型中的构件信息

7. 环境事件智能监测模块

该模块站在系统工程的视角，从生态环境风险的不可避免性以及系统建设投入的局限性角度，构建经济与环境协同增效的隧道施工突发环境事件智能监测模式，研究隧道施工过程中水质、噪声、粉尘、工程渣土及建筑废料等衡量生态环境要素的重要指标，确定各环境要素量化技术及传感器类型，并依据盾构施工工作面条件及掘进工况确定传感器和监测分站的空间建构和布局，实现基于多传感技术的隧道施工过程中生态环境指标的动态监测，建立多环境要素融合的警情预测模型，根据预警级别及范例推理技术自动生成应急响应方案。

同时，还可利用现场监测设备获取现场温湿度、PM2.5、噪声、COD 等在风环境、声环境、水环境等方面的指标数据，并在平台集成，实现隧道施工过程中生态环境指标的动态监测。

本章小结

智能工地依托工程物联网实现了劳务、安全、环境、材料各业务环节的智能化、互联网化管理，显著提升建筑工地的生产管理水平、效率和灵活性。通过建筑业上下游相关企业数字化转型示范应用案例，发挥科技创新推动企业高质量发展的积极性作用，推动数字化与智能建造全产业链的深度融合，提升新基建项目、新城建项目、智慧城市项目、重大工程项目的数字化集成管理水平，以科技赋能传统产业升级。

本章选取建筑工程、桥梁工程、地铁工程和隧道工程四个典型案例，介绍了工程物联网与智能工地结合的显著成效。通过智能工地管理平台的搭建，打破了传统质量、安全工作模式的时空约束，提高了现场质量、安全信息反馈和处理的及时性，实现了参建各方的统筹协调，强有力地为工程建设的质量、安全保驾护航。此外，通过各类智能感知设备，可以实现对现场的实时监测和数据收集分析，实现项目安全可控、绿色低碳和效益提升，为项目顺利竣工提供可靠的技术保障。

思考题

1. 智能工地建设的意义是什么？
2. 智能工地的运作逻辑是什么？
3. 智能工地管理平台/系统包括哪些必要功能模块？
4. 当前智能工地面临的主要挑战有哪些？
5. 哪些先进的理念和技术可以引入智能工地？